职业教育校企

U0593422

网络信息安全基础

主 编 陈智敏 杨俊明

扫码获取数字化教学资源

厦门大学出版社
XIAMEN UNIVERSITY PRESS

国家一级出版社
全国百佳图书出版单位

图书在版编目（CIP）数据

网络信息安全基础 / 陈智敏，杨俊明主编. -- 厦门 ：
厦门大学出版社，2025.3. --（职业教育校企合作双元
开发立体化教材）. -- ISBN 978-7-5615-9645-6

Ⅰ. TP393.08

中国国家版本馆 CIP 数据核字第 2025B6G555 号

责任编辑　姚五民

美术编辑　蒋卓群

技术编辑　许克华

出版发行　厦门大学出版社

社　　址　厦门市软件园二期望海路 39 号

邮政编码　361008

总　　机　0592-2181111　0592-2181406(传真)

营销中心　0592-2184458　0592-2181365

网　　址　http://www.xmupress.com

邮　　箱　xmup@xmupress.com

印　　刷　厦门市金凯龙包装科技有限公司

开本　　787 mm×1 092 mm　1/16

印张　　12.25

字数　　285 千字

版次　　2025 年 3 月第 1 版

印次　　2025 年 3 月第 1 次印刷

定价　　46.00 元

厦门大学出版社
微信二维码

厦门大学出版社
微博二维码

本书如有印装质量问题请直接寄承印厂调换

编委会名单

主　编：陈智敏　杨俊明

副主编：林益敏　林海群　俞进腾

参　编：郑丽生　林素芹　陈琦伟

　　　　曾华章　刘洋洋

前 言

在信息化浪潮席卷全球的今天，互联网不仅成为人们日常生活的重要组成部分，更是推动社会进步和经济发展的关键力量。然而，随着网络技术的飞速发展，网络信息安全问题也日益凸显，成为制约信息化进程的重要瓶颈。面对日益复杂的网络威胁，加强网络信息安全教育，培养具备专业素养和实践能力的网络安全人才，显得尤为重要和迫切。

正是在这样的背景下，本书应运而生。作为一本专为中专及技校学生设计的教材，本书旨在通过深入浅出的讲解和丰富的实践案例，帮助学生建立起对网络信息安全的全面认识，掌握网络安全的核心技术和实用方法，为未来的职业生涯奠定坚实的基础。

全书共分为七个项目，前六个项目围绕网络信息安全的不同方面展开，项目七为综合实训。这七个项目从基础理论到实践操作，从简单应用到复杂场景，逐步引导学生深入探索网络安全的奥秘。

项目一为学生搭建了学习网络安全知识的初步框架，介绍了网络安全的基本概念、发展历程、面临的威胁和挑战以及保护网络安全的重要性。通过这一项目的学习，学生将明确网络安全学习的目标和方向。

项目二至项目六则分别深入探讨了网络扫描与信息探测、防火墙技术及应用、计算机病毒及防范、密码学基础和 SQL 数据库安全等关键领域。这些项目不仅详细阐述了相关技术的原理和作用，还通过丰富的实践案例和动手练习，帮助学生掌握保护网络安全的实际操作技能。例如，在项目三中，学生将学习如何在 Windows Server 等平台上配置和应用防火墙；在项目四中，学生将了解计算机病毒的种类、传播方式和防范措施，并通过模拟实验学习如何识别和处理恶意程序。

项目七是本书的亮点之一。该项目整合了前述所有项目的内容，模拟真实的网络安全攻防场景，要求学生综合运用所学知识解决实际问题。通过这个项目的训练，学生将进一步提升自己的网络安全素养和实践能力，为未来的职业发展做好充分准备。

本书在编写上力求全面系统，覆盖了网络信息安全的主要领域与关键技术，构建起一套逻辑严密、循序渐进的学习体系，确保学生能够全面掌握核心知识与实用技能。同时，注重实用性与可操作性，通过丰富的实训案例与动手练习，让学生在实践中深化理论认知，快速掌握网络安全技术的实战能力。全书语言通俗易懂，案例贴近学生实际，融入趣味性元素，旨在激发学生的学习兴趣与好奇心，提升其学习动力与参与度。此外，本书还紧跟领域前沿，融入最新安全理念与技术手段，鼓励学生创新思维并积极探索，成为具备前瞻视野与创新能力的网络安全人才。

本教材专为中专、技校的网络安全相关专业学生量身打造，是网络安全基础课程的核心教材。同时，它也适合对网络信息安全充满兴趣、渴望深入学习的初学者，以及在实际工作中急需提升网络安全技能的专业人士参考使用。通过系统学习本教材，读者将掌握网络安全理论知识与实操技能，为在网络安全领域的职业发展奠定坚实的基础。

网络信息安全技术发展迅速，加之编者水平有限，书中难免存在疏漏和不妥之处，敬请广大读者批评指正，以便修订并使之更加完善。真诚希望与读者深入交流，共同成长。

目　录

项目一　网络信息安全概述

>> **项目目标**

◆ **知识目标**

1.掌握网络信息安全的基本概念，包括信息的保密性、完整性和可用性。

2.熟悉网络信息安全所面临的挑战，包括技术挑战、管理挑战和法律挑战等。

3.了解常见的网络信息安全技术手段，如防火墙、入侵检测系统、加密技术等。

◆ **能力目标**

1.能够分析网络信息安全事件，识别潜在的安全威胁和风险。

2.能够运用所学的网络信息安全技术手段，设计并实施基本的安全防护措施。

3.能够创建并管理虚拟测试环境，用于模拟和分析网络信息安全问题。

◆ **素养目标**

1.培养学生的网络信息安全意识，使其在日常生活中能够自觉遵守网络信息安全规范，保护个人和组织的网络信息安全。

2.提升学生的团队协作精神和沟通能力，在网络信息安全实践中能够与他人有效合作，共同解决问题。

3.培养学生的创新精神和探索精神，鼓励其在网络信息安全领域不断探索新技术、新方法。

4.增强学生的社会责任感和职业道德意识，使其在网络信息安全工作中能够遵守法律法规，维护公共利益。

▶▶ 项目描述

　　本项目旨在为学生提供一个全面、系统的网络信息安全知识入门引导。通过本项目的学习，学生将掌握网络信息安全的基本概念，了解网络信息安全的重要性及其所面临的挑战，并学习常见的网络信息安全技术手段。此外，学生还将通过实训任务，亲手创建虚拟测试环境，以实践所学的理论知识，提高实际操作能力。

任务一　网络信息安全的基本概念

随着社会的不断发展和网络技术的快速进步，网络信息安全隐患已经成为全球范围内亟待解决的重要问题。信息安全不仅与个人隐私和商业机密息息相关，而且直接影响国家安全、社会稳定以及经济发展。网络信息安全是一个多维度的综合性领域，涉及计算机科学、通信技术、密码学等多个学科。它不仅包括网络设备和数据的保护，也涵盖网络系统运行中的安全管理、风险防范等方面。

本任务旨在通过对网络信息安全概念的解析，梳理网络信息安全的发展历程，为进一步深入了解和应对网络信息安全问题提供基础理论支持。

一、信息安全概述

（一）信息与安全

（1）信息：信息论中的术语，指有意义的消息内容。1948 年，美国数学家香农在《通讯的数学理论》中指出："信息是用来消除随机不定性的东西。"同年，控制论的创始人维纳在《控制论》中指出："信息就是信息，既非物质，也非能量。"

（2）安全：即不受威胁，没有危险、损失或危害，是免除不可接受的损害风险的状态，是指将人类生产过程中对生命、财产、环境的损害控制在人类可接受的水平以下。

（二）信息安全

《计算机信息系统安全保护条例》第三条规定，计算机信息系统的安全保护应包括：保障计算机及其相关设备、设施（含网络）的安全，保障运行环境的安全，保障信息的安全，保障计算机功能的正常发挥，以维护计算机信息系统的安全运行。

从本质上讲，信息安全是指信息系统的硬件、软件和系统中的数据受到保护，不因偶然的故障或恶意的攻击而遭到破坏、更改或泄露，系统能够连续、可靠、正常地运行，网络服务不中断。

从广义上讲，信息安全涉及网络上信息的保密性、完整性、真实性、可控性和不可否认性的相关技术和理论。

二、信息安全技术的发展历程

随着科学技术的发展，信息安全技术也进入了高速发展时期。人们对信息安全的需求从早期的数据通信保密需求发展到对信息系统的安全保障需求。总体来说，信息安全技术在发展过程中经历了以下四个阶段。

（一）通信安全阶段

（1）背景：通信技术不发达，在电话、电报、传真等信息交换中存在安全问题。

（2）特点：通过密码技术解决通信保密问题，重点是数据的保密性与完整性。

（3）标志性事件：① 1949 年，克劳德·香农发表《保密系统的通信理论》；② 1976 年，迪菲和赫尔曼提出公钥密码体制；③ 1977 年，美国国家标准协会公布数据加密标准（DES）。

（二）计算机安全阶段

（1）背景：计算机应用范围扩大，网络技术实用化和规模化。

（2）特点：确保计算机系统中软硬件及信息处理、存储、传输的保密性、完整性和可用性。

（3）标志性事件：① 1983 年，美国国防部制定《可信计算机系统评价准则》（TCSEC）；② 1985 年，再版的《可信计算机系统评价准则》成为权威性标准。

（三）信息技术安全阶段

（1）背景：网络信息安全威胁出现了网络入侵、病毒破坏、信息对抗攻击等。

（2）特点：确保信息在存储、处理、传输过程中的安全性，防御网络攻击，保证合法用户服务和限制非授权用户服务。

（3）标志性事件：① 1993—1996 年，美国国防部提出新的安全评估准则《信息技术安全性通用评估准则》（CC 标准）；② 1996 年，ISO 采纳 CC 标准，发布为国际标准 ISO/IEC 15408。

（四）信息安全保障阶段

（1）背景：电子商务等行业发展迅猛，网络安全需求增加。

（2）特点：强调信息及信息系统的可控性、抗抵赖性、真实性，构建整体性的信息安全保障体系。

（3）标志性事件：① RSA（由 Ron Rivest、Adi Shamir、Leonard Adleman 三个人姓氏首字母拼写组成）公开密钥密码技术发展；②防火墙、防病毒软件、漏洞扫描、入侵检测系统、公开密钥基础设施（public key infrastructure，PKI）、虚拟专用网络（virtual private network，VPN）等技术应用；③ 1998 年，美国国家安全局制定《信息保障技术框架》（IATF），提出"深度防御策略"；④ 2015 年，中国在"十三五"规划中明确提出构建国家网络安全和保密技术保障体系。

三、网络信息安全的概念

根据国际标准化组织 ISO 7498-2 安全体系结构文献的定义，安全是指最小化资产和资源的漏洞。资产可以指任何事物，而漏洞是指任何可以造成系统或信息被破坏的弱点。

网络安全（network security）是指保护计算机网络及其传输的信息，确保信息的机密性、完整性和可用性，防止未经授权的访问、篡改和破坏，同时，保障网络系统的硬件、软件和数据不受偶然或恶意的破坏、更改和泄露，确保系统连续可靠地运行，网络服务不中断。网络安全是一门综合性学科，涉及多个学科领域，包括计算机科学、网络技术、通信技术、密码技术、信息安全技术、应用数学、数论、信息论等。

从内容上看，网络信息安全主要包括四个方面的内容：（1）网络实体安全：如计算机硬件、附属设备及网络传输线路的安装及配置；（2）软件安全：如保护网络系统不被非法侵入，软件不被非法篡改，不受病毒侵害等；（3）数据安全：保护数据不被非法存取，确保其完整性、一致性、机密性等；（4）安全管理：运行时突发事件的安全处理等，包括采取计算机安全技术、建立安全制度、进行风险分析等。

从特征上看，网络信息安全主要包括五个基本要素：（1）机密性：确保信息不泄露给非授权的用户、实体；（2）完整性：信息在存储或传输过程中保持不被修改、不被破坏和不会丢失的特性；（3）可用性：得到授权的实体可获得服务，攻击者不能占用所有的资源而阻碍授权者的工作；（4）可控性：对信息的传播及内容具有控制能力；（5）可审查性：对出现的安全问题提供调查的依据和手段。

网络信息安全是信息安全的重要组成部分。关注角度不同，其具体含义也不同。从用户角度来看，是指保护个人隐私和商业信息的机密性、完整性和真实性，防止被窃听、冒充和篡改；从运营者或管理者角度来看，是指保护本地网络信息的操作，防止后门、病毒、非法访问和拒绝服务等威胁，防御网络黑客攻击；从安全保密部门角度来看，是指过滤和防堵非法、有害或涉及国家机密的信息，避免对社会和国家造成损失。

四、网络信息安全的现状和发展趋势

随着信息技术的迅猛发展和网络攻击手段的日益复杂，我们需要更深入地理解和应对网络信息安全的现状和发展趋势。网络信息安全的现状及发展趋势如表 1-1-1 所示。

表1-1-1　信息网络安全的现状及发展趋势

网络信息安全	现状及发展趋势
现状复杂	①网络攻击手段多样化、隐蔽化、智能化； ②黑客组织、网络犯罪团伙、国家间网络对抗加剧； ③数据泄露、网络诈骗、勒索软件等安全事件频发； ④物联网、云计算、大数据等新技术普及。

续表

网络信息安全	现状及发展趋势
法律法规体系逐步完善	①各国政府加强网络安全立法； ②法律法规体系较为完善（如《中华人民共和国网络安全法》《中华人民共和国数据安全法》）； ③明确网络安全责任主体和基本要求； ④规定违法行为的处罚措施； ⑤未来法律法规体系将进一步完善。
安全防护技术创新发展	①人工智能技术快速识别和应对网络攻击； ②区块链技术构建去中心化的安全信任体系； ③零信任网络技术动态身份验证和访问控制。
教育普及化	①提高公众网络安全意识； ②培养网络安全人才； ③学校、企业和社会组织重视网络安全教育； ④网络安全专业成为热门学科。
国际合作与交流频繁	①全球性问题需要各国共同应对； ②签订合作协议、建立合作机制、共享安全信息； ③国际组织、行业协会推动全球网络安全治理体系建设； ④国际合作与交流将更加紧密和深入。

任务二　网络信息安全的重要性与挑战

随着科技的进步，信息量急剧增加，信息传输方式日益多样化，网络信息安全成为全球性的重大议题。因此，确保信息系统的安全性和可靠性，防止数据泄露、被篡改或丢失，已成为当今社会的核心任务。

一、网络信息安全的重要性

在信息化时代，网络信息安全不仅关乎技术的保护，更涉及国家、企业和个人的利益。

（一）网络信息安全的意义

（1）网络信息的特性：普遍性、共享性、增值性、可处理性和多效用性。

（2）保护信息资源：防止信息系统或网络中的信息资源受到威胁、干扰和破坏，确保信息的完整性、可用性、保密性和可靠性。

（3）重要性：网络信息安全是国家、政府、部门和行业都必须重视的问题。不同的部门和行业对信息安全的要求各不相同。

（二）科技发展与网络信息安全

（1）信息量的增加：科技发展导致信息量急剧增加，信息传输要求高效率。

（2）通信技术的爆炸性发展：除有线通信外，短波、超短波、微波、卫星等无线电通信广泛应用。

（3）敏感信息的传输方式：敏感信息通过脆弱的通信线路在系统之间传送，必须确保不被非法获取。不同的信息传输方式存在的风险如表1-2-1所示。

表1-2-1　不同的信息传输方式存在的风险

信息传输方式	风险
局域网	存在物理访问风险；可能遭受来自内部的威胁；未加密通信可能被截获
互联网	数据在公共网络上传输，易被截获；易受黑客、DDoS攻击等
分布式数据库	数据分散存储，管理复杂；访问控制不当可能导致泄露等
无线通信	信号易被截获；易受干扰；传输范围受限；易被物理接近窃取

注意

这几种信息传输方式所面临的风险基本相同。它们都可能面临泄密或被截收、窃听、篡改和伪造等风险。这些风险通常源于传输过程中缺乏足够的安全措施，例如加密、身份验证和完整性校验等。因此，在设计和实施信息传输方案时，必须考虑这些风险，并采取相应的安全措施以保护敏感信息。

（4）综合保密措施：单一措施不足以保证信息安全，需要综合应用技术、管理和行政手段，保护信源、信号和信息的安全。

（三）网络信息安全的广泛应用

（1）国家机密：如保障军事、政治机密安全。

（2）商业机密：如防范企业机密泄露。

（3）个人隐私：如防范青少年浏览不良信息、泄露个人信息等。

（四）网络安全体系

（1）网络安全体系：包括计算机安全操作系统、安全协议、安全机制（如数字签名、信息认证、数据加密等）及安全系统，任何一个安全漏洞都可能威胁全局安全。

（2）网络安全服务：基本理论和基于新一代信息网络体系结构的网络安全服务体系。表1-2-2列出了网络安全的核心要素及其各自的功能，旨在为构建健全的网络安全防护体系提供基础。

表1-2-2 网络安全的核心要素及功能

网络安全的核心要素	功能
计算机安全操作系统	保障计算机系统的安全
安全协议	定义信息传输的安全规则
安全机制	包括数字签名、信息认证、数据加密等
安全系统	整体的网络安全保障

（五）网络与网络安全

（1）网络：通过物理链路将孤立的工作站或主机连在一起，组成数据链路，实现资源共享和通信。

（2）网络安全：通过技术和管理措施，确保网络数据的可用性、完整性和保密性。

（六）网络安全的本质与研究领域

（1）本质：网络上的信息安全。

（2）研究领域：涉及信息的保密性、完整性、可用性、真实性和可控性的相关技术和理论。

（七）计算机技术的发展与安全挑战

（1）系统发展：从基于单机的简单应用发展到基于复杂的内部网、外部网和全球互联网的企业级计算机处理系统。

（2）连接能力：随着系统连接能力的提高，网络安全问题日益突出。整体的网络安全主要表现在物理安全、拓扑结构安全、系统安全、网络管理安全等方面，如表1-2-3所示。

表1-2-3 网络安全的主要表现

网络安全的主要表现	解释
物理安全	保护硬件免受损害、盗窃或未授权访问
拓扑结构安全	合理布局网络，减少故障风险，提高可靠性
系统安全	确保系统组件安全，防止恶意攻击
网络管理安全	合法、有效管理网络，防止未授权操作

（3）系统安全与性能的矛盾：提供服务的系统容易受到外界威胁，需要平衡安全与性能的需求。

（4）网络安全系统的构建：认证、加密、监听、分析、记录等措施会影响网络效率和灵活性，但来自网络的安全威胁是实际存在的，特别是运行关键业务时，必须首先解决网络安全问题。

（八）网络安全体系

（1）网络安全体系设计：降低网络安全对网络性能的影响。

（2）网络安全产品：网络安全产品一般具有安全策略与技术的多样化、安全机制与技术不断变化、网络安全技术复杂等特点，如表1-2-5所示。

表1-2-5　网络安全产品的特点

网络安全产品的特点	解释
安全策略与技术多样化	统一的技术和策略不安全
安全机制与技术不断变化	技术需不断更新
网络安全技术复杂	需要综合复杂的系统工程

（3）中国特色网络安全体系：需要国家法规和政策支持，安全产业将随新技术发展而不断进步。

二、网络信息安全的挑战

随着网络和信息技术的迅猛发展，网络信息安全面临的挑战日益复杂。技术层面的漏洞和安全风险不断增加，从物联网设备的安全问题到勒索软件的攻击，再到云计算所带来的新一轮安全难题，都不断考验着网络安全防护能力。同时，技术更新速度快于相关法规更新的速度，使得安全防范措施和安全策略的制订面临更大压力。接下来，我们将详细探讨技术层面的问题，以及它们对网络安全带来的具体挑战。

（一）技术层面的挑战

1. 物联网漏洞

（1）现状：物联网设备迅速增长，涵盖智能家居和工业控制系统。

（2）问题：许多设备存在设计缺陷、安全更新不足或默认安全配置不当的情况。

（3）风险：黑客利用漏洞入侵设备，窃取数据或控制设备执行恶意操作。

（4）攻击面增加：设备广泛分布和相互连接增加了潜在的攻击面。

2. 勒索软件攻击

（1）现状：勒索软件攻击成为全球性问题。

（2）方法：通过恶意链接、植入恶意软件或利用漏洞加密数据进行攻击。

（3）后果：导致财务损失、业务中断和声誉受损等。

（4）技术进化：攻击技术不断进步，防范难度增加。

3. 云安全挑战

（1）优势：云计算提供灵活、高效的数据存储和处理能力。

（2）风险：多租户共享、数据迁移和访问控制存在安全风险。

（3）攻击手段：黑客利用云平台漏洞或不当配置窃取数据或攻击云平台。

（4）管理难度：云服务的扩展和复杂化增加了安全管理和监控的难度。

4. 技术更新速度

（1）现状：网络安全技术发展迅速，新攻击手段和安全漏洞不断涌现。

（2）法规滞后：网络安全法规的制定和更新滞后于技术发展。

（3）难点：企业和个人难以及时了解和掌握最新的安全技术和防护措施。

（二）合规层面的挑战

1. 法规遵守

（1）现状：各国政府持续加强网络安全监管和立法。

（2）挑战：法规涉及众多领域和细节，合规人员需要深入了解并遵守各种法规要求。

（3）动态调整：合规人员需密切关注法规更新，及时调整安全策略和措施。

2. 不同国家法规的冲突

（1）现状：全球化背景下，企业需要在多个国家开展业务和数据传输。

（2）问题：不同国家的网络安全法规存在差异和冲突。

（3）应对：企业需研究各国法规要求，制订符合各国法规的网络安全策略，并积极与政府和监管机构沟通。

（三）社会层面的挑战

1. 黑客活动

（1）现状：黑客活动从技术攻击演变为认知攻击，操纵公众舆论和政治决策等。

（2）威胁：隐蔽难察，影响社会和个人安全。

（3）加剧因素：地缘政治事件频发，黑客活动威胁国家安全和社会稳定。

2. 教育和科研机构受攻击

（1）现状：教育和科研机构拥有大量敏感数据和研究成果。

（2）风险：成为网络攻击的主要目标。

（3）后果：黑客窃取数据或破坏机构运行工作，损害机构声誉和利益，影响教育和科研事业。

　　网络信息安全面临着技术、合规和社会层面的多重挑战。通过详细分析这些挑战，可以更清晰地理解当前网络安全的复杂性和紧迫性。为了应对这些挑战，需要综合运用技术手段、管理策略和法律法规，确保信息和系统的安全。

任务三 常见的网络安全技术手段

常见网络安全技术手段包括防火墙、入侵检测与防御系统、加密技术、身份认证与访问控制、安全审计与日志分析、漏洞扫描与补丁管理、虚拟专用网络、端点安全、安全信息与事件管理以及网络安全态势感知等。这些技术旨在构建多层次的防御体系，从访问控制、数据传输保护到安全事件响应，全方位保障网络的安全性、机密性和完整性，有效预防和应对各类网络安全威胁。为了更加直观和便于理解，我们用表1-3-1来描述常见的网络安全技术手段。

表1-3-1　常见的网络安全技术手段

技术手段	功能描述	主要特点
防火墙技术	部署在网络的入口和出口处，对进出网络的数据包进行过滤和检查	阻止未经授权的访问、防止恶意软件传播、过滤不良网站等
入侵检测系统（IDS）与入侵防御系统（IPS）	IDS用于检测网络中的异常行为和潜在攻击，发出警报通知管理员。IPS不仅能检测攻击，还能自动采取措施阻止攻击	实时检测和阻止攻击行为
加密技术	使用加密算法将明文数据转换为密文数据，只有持有相应密钥的人才能解密和访问原始数据	确保数据传输过程中的机密性和完整性
身份认证与访问控制	确保网络用户身份的真实性，并根据用户的身份和权限限制其对网络资源的访问	用户名和密码、数字证书、生物识别等
安全审计与日志分析	对网络系统和应用进行全面检查和评估，通过分析日志数据，发现潜在的安全漏洞和异常行为	追踪攻击源头、分析攻击手法、识别异常行为模式
漏洞扫描与补丁管理	利用自动化工具进行安全漏洞检测，及时获取并安装补丁程序修复漏洞	提高系统安全性和稳定性
虚拟专用网络（VPN）	在公共网络上建立加密通道，实现远程用户的安全接入和内部网络资源的安全共享	使用隧道技术和加密协议保护数据传输的机密性和完整性
端点安全	保护网络边缘设备的安全，预防和检测恶意软件的入侵，防止数据泄露和未授权访问	部署防病毒软件、防火墙、入侵检测系统等

续表

技术手段	功能描述	主要特点
安全信息与事件管理（SIEM）	实时收集、整合、分析和报告各种安全信息和事件数据，为管理员提供全面的安全态势感知和事件响应能力	关联和分析不同来源的数据，实时了解网络安全状况，生成审计报告和日志记录
网络安全态势感知	实时、全面感知和评估网络安全状况，通过大数据分析和机器学习等技术手段，对网络的安全态势进行评估和预测	实时发现异常行为和潜在威胁，提供安全预警和风险评估

实 训 创建虚拟测试环境

在测试和学习网络安全工具和配置操作时，都不会直接拿计算机操作系统来尝试，而是在计算机中搭建虚拟环境，即用虚拟机创建一个操作系统。该系统可以与外界独立，但与已经存在的系统建立网络关系，从而方便使用某些网络工具进行网络安全攻防，如果这些工具对虚拟机造成了破坏，也可以快速恢复，且不会影响自己原本的计算机系统，使操作更安全。

一、安装 VMware 虚拟机

目前，虚拟化技术已经非常成熟，各种产品如雨后春笋般地涌现，如 VMware、VirtualPC、Xen、Parallels、Virtuozzo 等。VMware Workstation 是 VMware 公司推出的一款专业虚拟机软件。它能够虚拟化主流操作系统，操作简单，容易上手。

安装 VMware Workstation Pro 的具体操作步骤如下。

（1）下载 VMware Workstation Pro。

（2）左键双击运行 VMware Workstation Pro 安装包，弹出"VMware Workstation Pro 安装"向导对话框（如图 1-4-1 所示），点击"下一步 [N]"按钮。

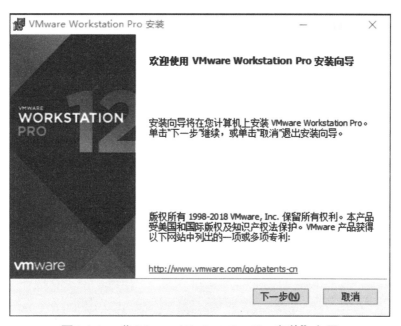

图1-4-1 "VMware Workstation Pro安装"向导

（3）选择"我接受许可协议中的条款（A）"，点击"下一步（N）"按钮，如图 1-4-2 所示。

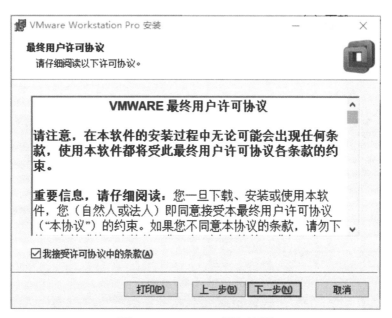

图1-4-2 VMware授权许可

（4）默认安装，也可以选择要安装的文件路径，点击"下一步 [N]"按钮，如图 1-4-3 所示。

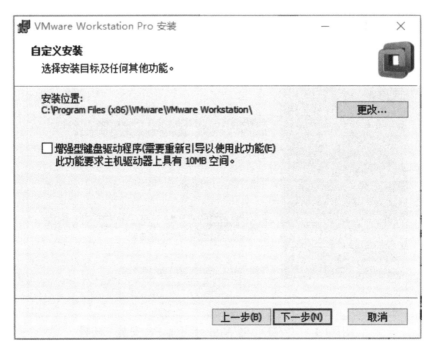

图1-4-3　选择安装目录

（5）一直选择"下一步 [N]"，直到出现如图 1–4–4 所示界面，点击"安装（I）"按钮。

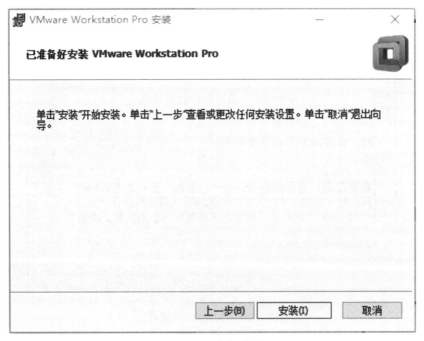

图1-4-4　准备安装

（6）等待安装完成，如图 1-4-5 所示。

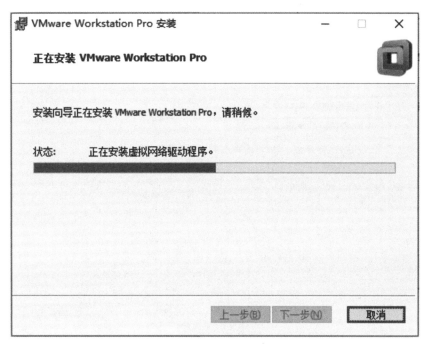

图1-4-5　安装过程

（7）安装完成后，可输入许可证进行认证，如图 1-4-6 所示。

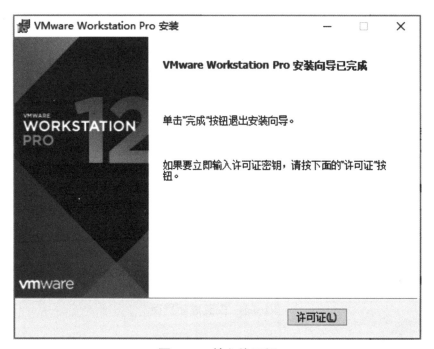

图1-4-6　输入许可证

（8）如果想以后再输入许可证，点击"输入（E）"按钮，跳过该环节，如图 1-4-7 所示。

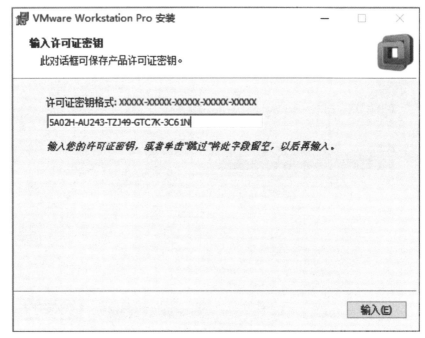

图1-4-7　校验许可证

（9）点击"完成（F）"按钮，完成 VMware Workstation Pro 的安装，如图 1-4-8 所示。

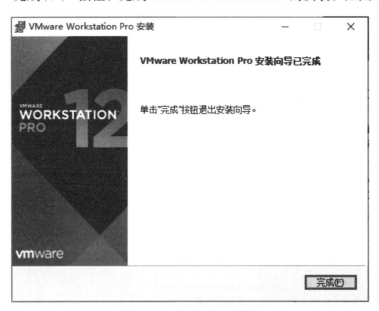

图1-4-8　安装成功界面

二、配置 VMware 虚拟机

在安装虚拟操作系统前，一定要先配置好 VMware 虚拟机，下面介绍配置过程。

（1）运行 VMware Workstation，选择"创建新的虚拟机"，打开"创建新的虚拟机"向导，如图 1-4-9 所示。

图1-4-9　虚拟机安装向导界面

（2）在新建虚拟机向导对话框中，一般选择"典型（推荐）（T）"选项进行配置，或者也可以选用"自定义（高级）（C）"选项，如图 1-4-10 所示。

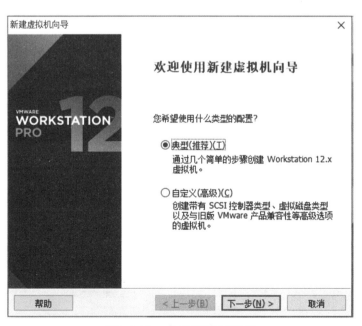

图1-4-10　虚拟机类型配置

（3）选择配置要安装的操作系统，此处先选择"稍后安装操作系统（S）"，点击"下一步（N）"按钮，如图 1-4-11 所示。

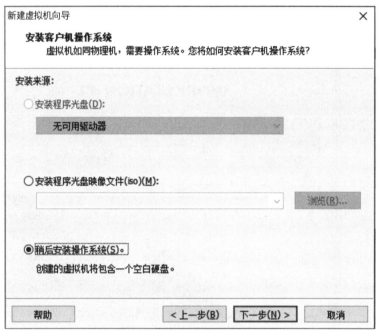

图1-4-11　配置操作系统的安装来源

（4）假设要安装 Linux 操作系统，则在对话框中勾选"Linux（L）"并单击"下一步（N）"按钮，如图 1-4-12 所示。

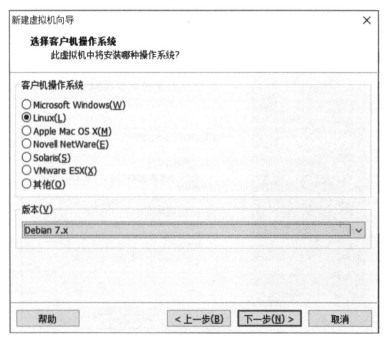

图1-4-12　选择操作系统类型

（5）设置虚拟机的名称为 Kali，并设置虚拟机文件所在的路径，如图 1-4-13 所示。

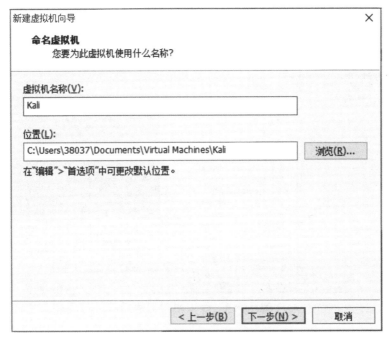

图1-4-13　设置虚拟机名称及路径

（6）设置指定磁盘容量，可以将虚拟机存储为单个文件或多个文件，本例中选择"将虚拟磁盘拆分成多个文件（M）"，单击"下一步"按钮，可完成虚拟机的创建，如图 1-4-14 所示。

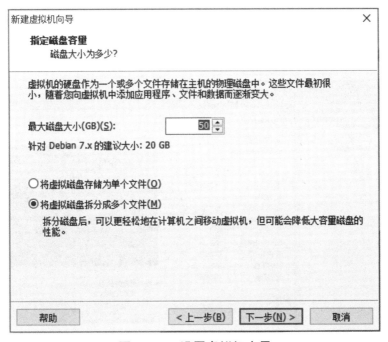

图1-4-14　设置虚拟机容量

（7）虚拟机配置成功，如图 1-4-15 所示。

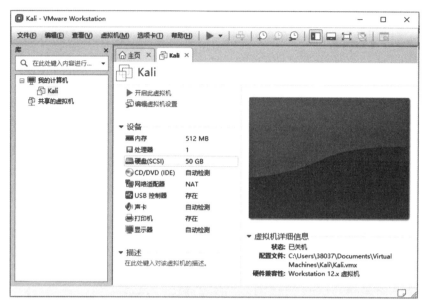

图1-4-15　虚拟机配置成功

三、安装 Kali 虚拟操作系统

在开始安装 Kali 虚拟操作系统之前，确保你已经完成了虚拟机软件的安装并创建了一个新的虚拟机。以下是安装 Kali 操作系统的详细步骤。通过这些步骤，你将能够顺利地在虚拟机中部署 Kali 操作系统，并进行必要的配置以便使用其强大的功能。

（1）打开虚拟机，选择"CD/DVD（IDE）"项，如图 1-4-16 所示。

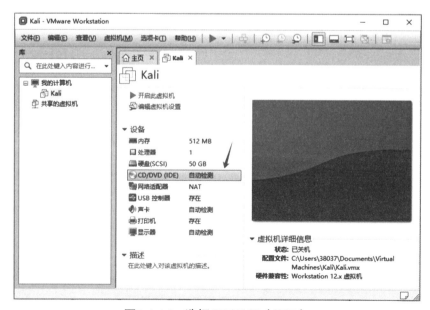

图1-4-16　选择CD/DVD（IDE）

（2）在右侧"连接"栏目中选择"使用 ISO 映像文件（M）"单选框，然后选择已经提前下载好的 Kali（2022.3 版本）操作系统对应的 ISO 文件（如图 1-4-17 所示），最后单击"确定"按钮。

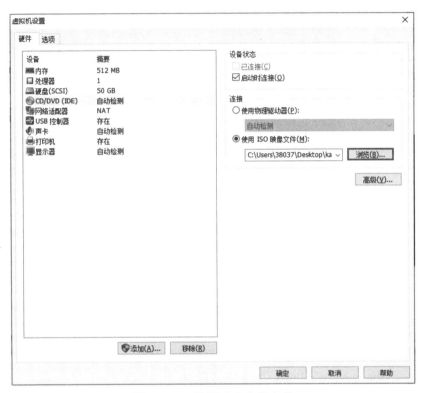

图1-4-17　选择ISO映像文件

（3）单击"开启此虚拟机"选项，如图 1-4-18 所示。

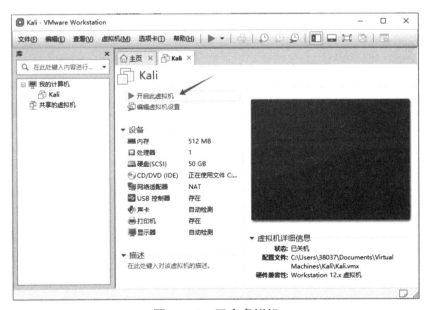

图1-4-18　开启虚拟机

（4）通过上下键选中"Graphical install"（如图 1-4-19 所示），按下"Enter"键。

图1-4-19　选择图形化安装

（5）选择"Chinese（Simplified）– 中文（简体）"，然后点击"Continue"按钮，如图 1-4-20 所示。

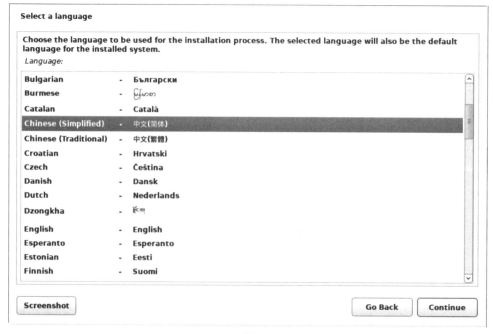

图1-4-20　选择系统语言

（6）选择"中国"，然后点击"继续"按钮，如图 1-4-21 所示。

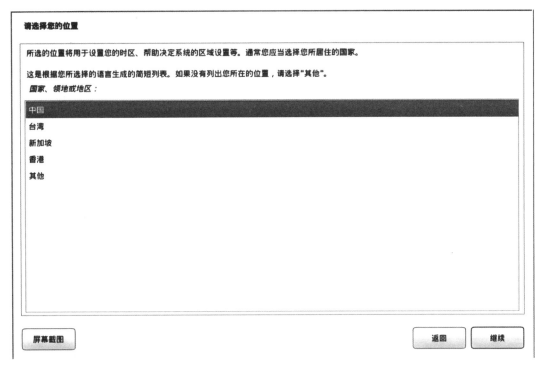

图1-4-21　选择地理位置

（7）选择语言，然后点击"继续"按钮，如图 1-4-22 所示。

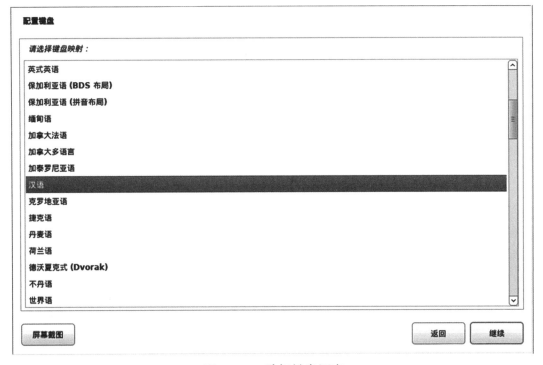

图1-4-22　选择键盘语言

（8）安装，如图 1-4-23 所示。

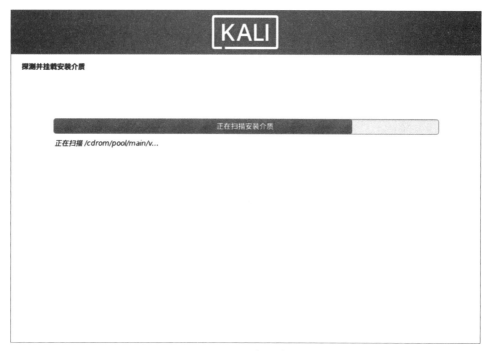

图1-4-23　系统安装过程

（9）配置主机名，这里输入一个主机名，然后点击"继续"按钮，如图 1-4-24 所示。

图1-4-24　配置主机名

（10）输入新用户的全名，然后点击"继续"按钮，如图 1-4-25 所示。

图1-4-25　设置用户全名

（11）输入账户的用户名，然后点击"继续"按钮，如图 1-4-26 所示。

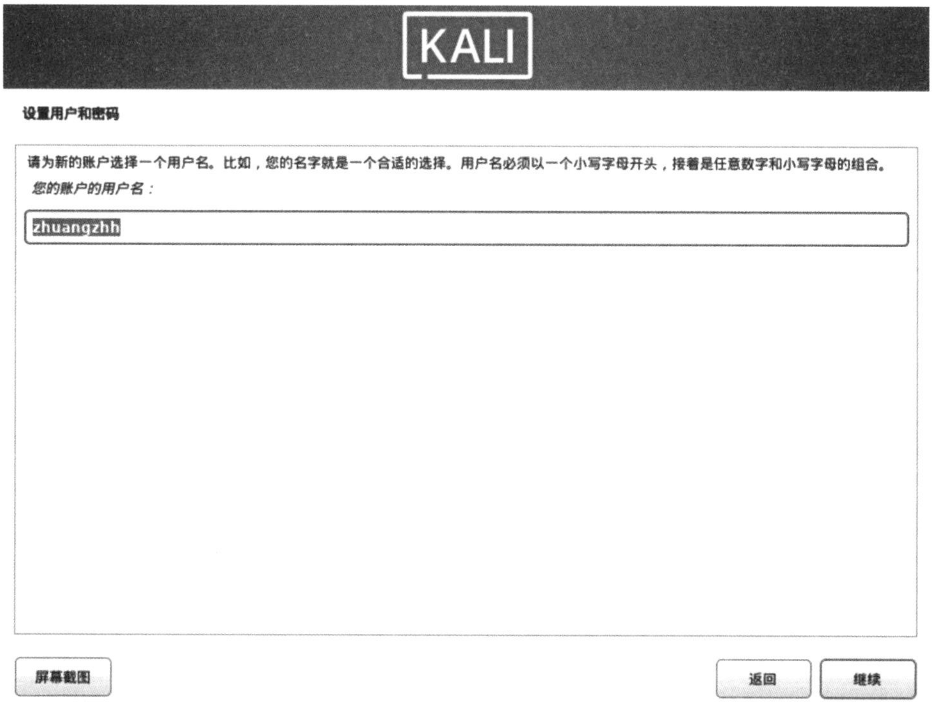

图1-4-26　设置用户名

（12）为刚刚创建的用户设置密码，然后点击"继续"按钮，如图1-4-27所示。

图1-4-27　设置用户密码

（13）分区方法选择"向导—使用整个磁盘"，然后点击"继续"按钮，如图1-4-28所示。

图1-4-28　设置分区方法

（14）分区方案选择"将所有文件放在同一个分区中（推荐新手使用）"，然后点击"继续"按钮，如图1-4-29所示。

图1-4-29　设置分区方案

（15）选择"完成分区操作并将修改写入磁盘"，然后点击"继续"按钮，如图1-4-30所示。

图1-4-30　分区配置概览

（16）选择"是"，然后点击"继续"按钮，如图 1-4-31 所示。

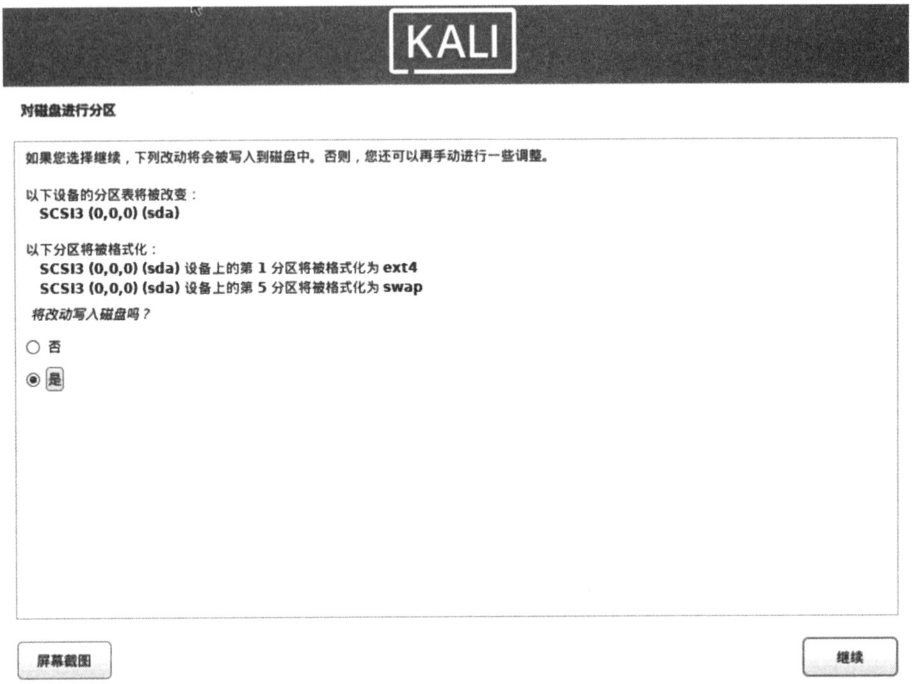

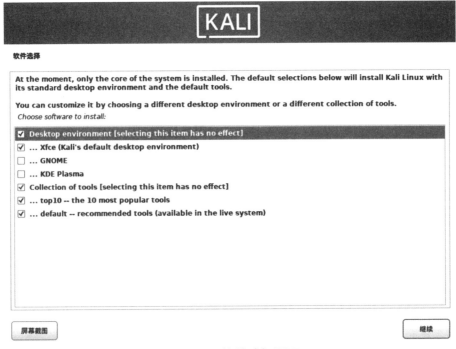

图1-4-31　分区配置持久化

（17）软件选择界面中保持默认选项，然后点击"继续"按钮，如图 1-4-32 所示，耐心等待软件安装完成，此过程时间较长。

图1-4-32　软件选择界面

（18）在"将 GRUB 启动引导器安装至您的主驱动器？"问题下选择"是"，然后点击"继续"按钮，如图 1-4-33 所示。

图1-4-33　是否安装GRUB启动引导器

（19）安装启动引导器设备，选择"/dev/sda"，然后点击"继续"按钮，如图 1-4-34 所示。

图1-4-34　选择启动引导器设备

（20）显示安装完成，然后点击"继续"按钮，如图1-4-35所示。

图1-4-35　Kali安装完成

（21）进入已经安装好的 Kali 系统，输入用户名和密码，点击"登录"按钮，如图1-4-36所示。

图1-4-36　Kali系统登录界面

（22）登录成功后，进入 Kali 系统的主界面，如图 1-4-37 所示。

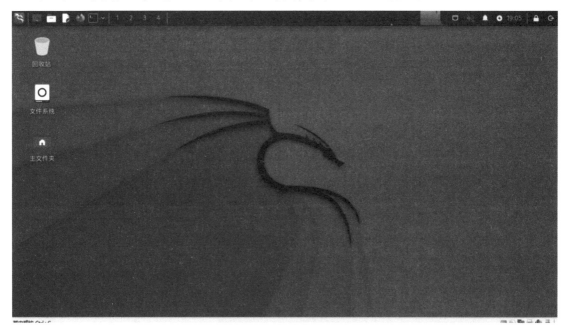

图1-4-37　Kali系统主界面

注意

安装其他虚拟系统的操作步骤与安装 Kali 虚拟系统的步骤类似。

四、VMware 快照的使用

在现代虚拟化技术中，虚拟机快照作为一种重要的功能，广泛应用于系统的备份、恢复和测试等场景。它能够帮助管理员在进行系统配置或安装新软件时，提供一种简单、安全的回滚机制，从而避免因操作失误或软件故障导致的系统崩溃或数据丢失。虚拟机快照技术不仅提高了系统的容错能力，还为用户提供了更为灵活的管理方式。

随着虚拟化环境的普及，VMware 等虚拟化平台提供了多种快照管理功能，能够帮助用户有效地创建、恢复和管理虚拟机的快照。在 VMware Workstation 中，用户可以通过直观的图形界面创建和操作快照文件，保证虚拟机在出现异常时能够快速恢复。接下来，我们将详细论述 VMware 中虚拟机磁盘快照的概念、使用方法及管理技巧，以帮助用户更好地理解和运用这一功能。

（一）虚拟机磁盘快照的概念

虚拟机磁盘快照是某个时间点虚拟机磁盘文件的实时副本。这种技术允许在系统发生崩溃或出现异常情况时，通过恢复到先前的快照，来保持磁盘文件系统和系统存储的完整性。特别是在安装和使用高风险的黑客软件时，利用快照功能可以确保在发生问题时快速恢复系统。

（二）VMware Workstation 中的快照功能

VMware Workstation 提供了强大的快照功能，用户可以创建多个快照并在不同的时间点之间进行切换。每次创建快照时，系统会生成一个新的增量文件（delta 文件），而原先的 delta 文件会变成只读。这种方式不仅能节省存储空间，还能确保数据的一致性。

（三）快照文件的增长率

快照文件的增长率主要由服务器上的磁盘写入活动决定。例如：

（1）高写入活动的服务器（如 SQL 和 Exchange 服务器）：由于频繁的磁盘写入操作，快照文件的增长率非常高。

（2）低写入活动的服务器（如 Web 和应用服务器）：这些服务器主要处理静态内容，磁盘写入操作较少，因此快照文件的增长率较低。

（四）定期管理和清理快照

随着快照数量的增加，原有的 delta 文件变为只读。对于拥有大量快照的系统，这些 delta 文件可能会变得与原始磁盘文件一样大，因此需要定期管理和清理快照以防止存储空间被大量占用，具体操作步骤如下。

（1）启动 VMware，进入 Kali 系统。选择虚拟机菜单栏的"虚拟机（M）"—"快照（N）"—"拍摄快照（T）"命令，如图 1-4-38 所示。

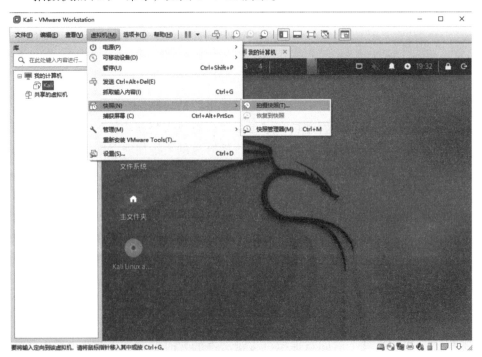

图1-4-38　选择拍摄快照菜单

（2）创建名称为"快照 1"的拍摄快照，如图 1-4-39 所示。

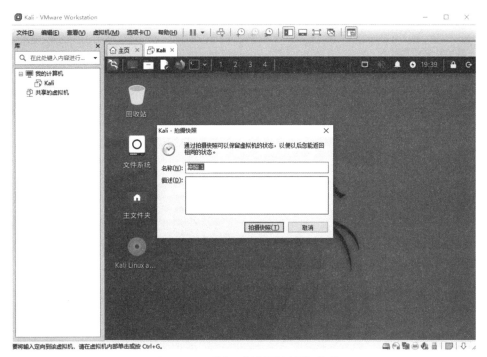

图1-4-39 选择"拍摄快照"菜单

（3）继续创建名称为"快照 2"的拍摄快照，打开快照管理器，如图 1-4-40 所示。

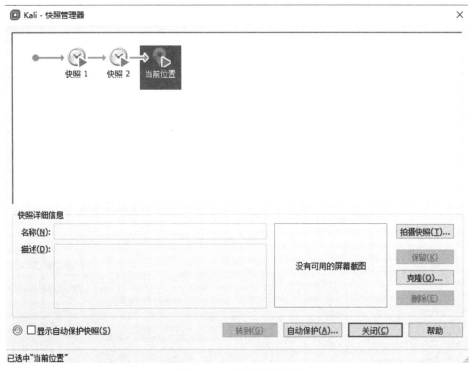

图1-4-40 快照管理器

（4）在快照管理器中，右击打开"快照 1"的快捷菜单，选择"转到快照"选项，恢复到"快照1"的状态，如图1-4-41所示。

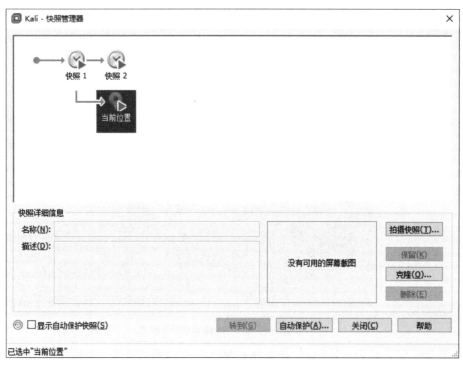

图1-4-41 转到"快照1"

（5）再创建名称为"快照3"的拍摄快照，打开快照管理器，如图1-4-42所示。

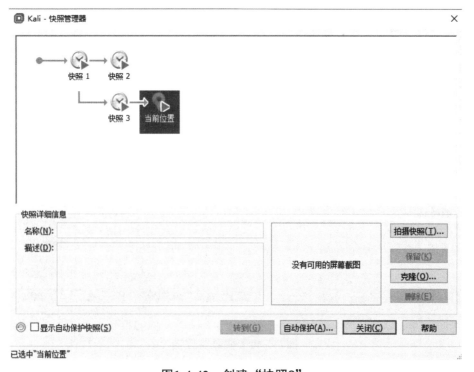

图1-4-42 创建"快照3"

（6）在快照管理器中，右击打开"快照1"的快捷菜单，可以进行"删除"（仅删除快照1）和"删除快照及其子项"（删除快照1、2、3）等操作，如图1-4-43所示。

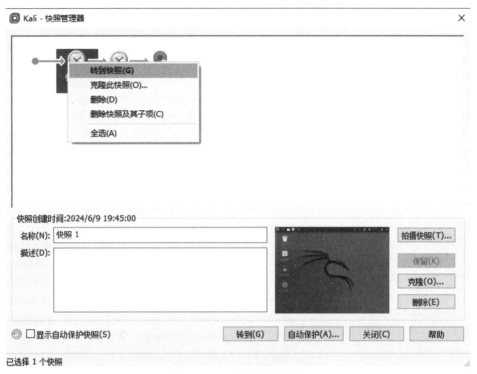

图1-4-43　快照编辑菜单

五、实践总结

1. 系统更新前创建快照：在进行系统更新或安装高风险软件前创建快照，确保在出现问题时能够快速恢复。

2. 测试环境设置：在虚拟机中设置测试环境，通过创建多个快照来测试不同配置的效果，并在出现问题时快速回滚到稳定状态。

3. 数据保护：定期创建快照以保护重要数据，确保在数据损坏或系统崩溃时能够恢复。

学习笔记

项目二　网络扫描与信息探测

▶▶ 项目目标

◆ 知识目标

1.掌握网络扫描的基本概念，理解其在网络信息安全中的作用和意义。

2.熟悉常见的扫描工具及其功能特点，了解各种扫描工具的应用场景。

3.理解外围信息收集的重要性，掌握常见的信息收集方法和技巧。

4.了解UDP/TCP端口扫描的原理和流程，掌握端口扫描的基本技术。

◆ 能力目标

1.能够根据实际需求选择合适的扫描工具进行网络扫描操作。

2.能够进行外围信息的有效收集，为后续的安全分析提供充足的支持。

3.能够独立完成UDP/TCP端口扫描任务，分析扫描结果，识别潜在的安全风险。

◆ 素养目标

1.培养学生的安全意识，使其在操作过程中严格遵守网络安全规范和操作流程。

2.培养学生的实践能力，使其能够在实践中不断总结经验，提升技能水平。

3.增强学生的团队协作能力，使其在完成任务过程中能够与同学进行有效沟通，共同解决问题。

4.培养学生的职业道德素养，使其在从事网络信息安全工作时能够遵守法律法规，维护公共利益。

▶▶ 项目描述

　　本项目旨在使学生深入了解网络扫描的基本概念、常见的扫描工具以及外围信息收集的方法和技巧。通过实训任务 UDP/TCP 端口扫描，学生将亲手操作扫描工具，熟悉端口扫描的流程，掌握基本的网络探测技术。

任务一　网络扫描相关概念

在现代网络安全管理中，网络扫描技术是保障网络环境安全的重要手段之一。通过网络扫描，安全专家能够主动发现网络中的潜在漏洞和弱点，从而采取相应的防护措施。网络扫描不仅能够帮助管理员了解网络架构和设备配置，还能有效识别出系统中的安全风险，为后续的安全策略制定和应急响应提供数据支持。

网络扫描涵盖了多个不同的阶段，每个阶段都具有其特定的目标和技术。在扫描过程中，信息收集、端口扫描、漏洞探测等技术协同工作，共同揭示网络中可能存在的安全问题。因此，了解每个阶段的扫描过程、使用的工具以及如何解读扫描结果，是网络安全管理者提升安全防护能力的关键。

接下来，我们将详细介绍网络扫描的相关概念，深入了解这一技术的具体实施方法和应用场景。掌握网络扫描的基本原理和操作步骤，可以更有效地应对各种网络安全威胁。

一、网络扫描

网络扫描是一种主动式的网络安全检测手段，它通过网络发送特定的数据包或请求，以获取目标网络或主机的详细信息。网络扫描的目的是了解网络的结构、设备的配置、服务的状态以及可能存在的安全漏洞等。通过扫描，网络管理员或安全专家能够全面了解网络的安全状况，为制定有效的安全策略提供数据支持。

网络扫描通常包括多个阶段，如信息收集、端口扫描、漏洞探测等。

（一）信息收集阶段

信息收集是网络扫描的起始阶段，也是至关重要的一步。在这一阶段，扫描工具通过发送特定的查询请求或利用公开的资源，收集目标网络或主机的基本信息。这些信息包括 IP 地址、域名、操作系统等。

（1）IP 地址：确定目标主机的 IP 地址是信息收集的基础。通过 DNS 解析、子网扫描等方式，扫描工具可以获取目标网络的 IP 地址范围。例如，查询 www.oschina.net 的 IP 地址：

```
nslookup www.oschina.net
```

运行结果如下：

```
Server：    192.168.60.2
Address：   192.168.60.2#53

Non-authoritative answer：
www.oschina.net canonical name = all.oschina.net-1d96b9c4fc4.baiduads.com.
Name：  all.oschina.net-1d96b9c4fc4.baiduads.com
Address：180.76.198.147
```

nslookup 是一个命令行工具，用于查询 DNS 记录。在使用 nslookup 查询 www.oschina. net 时，结果显示该域名被解析为 all.oschina.net-1d96b9c4fc4.baiduads.com，对应的 IP 地址是 180.76.198.147。查询通过 DNS 服务器 192.168.60.2 完成，返回的是非权威响应，表示结果来自缓存或中间服务器。

（2）域名：收集与目标 IP 地址关联的域名信息，有助于了解目标主机的用途和所属组织。例如，我们要收集目标 IP 地址 180.76.76.76 关联的域名信息。

```
nslookup 180.76.76.76
```

运行结果如下：

```
76.76.76.180.in-addr.arpa       name = public-dns-a.baidu.com.

Authoritative answers can be found from：
76.180.in-addr.arpa     nameserver = ns6.baidu.com.
76.180.in-addr.arpa     nameserver = ns5.baidu.com.
ns6.baidu.com   internet address = 111.20.4.13
ns6.baidu.com   internet address = 14.215.179.57
ns5.baidu.com   internet address = 111.63.96.195
ns5.baidu.com   internet address = 220.181.33.63
```

反向 DNS 查找显示，IP 地址 180.76.76.76 对应的域名是 public-dns-a.baidu.com。提供权威答案的 DNS 服务器是 ns6.baidu.com 和 ns5.baidu.com，它们分别对应多个 IP 地址。ns6.baidu.com 的 IP 地址是 111.20.4.13 和 14.215.179.57，而 ns5.baidu.com 的 IP 地址是 111.63.96.195 和 220.181.33.63。

（3）操作系统：通过发送特定的数据包并分析响应，扫描工具可以识别目标主机上运行的操作系统及其版本。

此外，信息收集阶段还可以包括收集网络拓扑结构、路由信息、DNS 记录等其他相关信息，以便对目标网络有一个全面的了解。

（二）端口扫描阶段

端口扫描是网络扫描的核心环节，用于探测目标主机上开放的端口以及对应的服务。在这一阶段，扫描工具发送各种类型的探测数据包，以判断目标主机的哪些端口是开放的。

（1）TCP扫描：利用TCP协议的特性，扫描工具尝试与目标主机的端口建立连接。如果连接成功，则说明该端口是开放的；如果收到特定的错误响应，则可以推断出端口的状态。

（2）UDP扫描：与TCP扫描类似，但使用UDP协议进行探测。UDP扫描通常用于发现某些特定的服务或应用。

（3）服务识别：对于开放的端口，扫描工具会进一步探测其对应的服务类型。这通常通过发送特定协议的数据包并分析响应来实现。

通过端口扫描，管理员可以了解目标主机上运行的服务和潜在的安全风险，为后续的漏洞探测和安全管理提供依据。

（三）漏洞探测阶段

漏洞探测是网络扫描的高级阶段，旨在利用已知的漏洞信息对目标主机进行测试，以判断是否存在可被利用的安全漏洞。在这一阶段，扫描工具使用各种漏洞检测技术和算法，对目标主机进行深度探测。

（1）漏洞数据库匹配：扫描工具将目标主机的配置信息、服务版本等与已知的漏洞数据库进行比对，查找是否存在匹配的漏洞记录。

（2）漏洞利用尝试：对于发现的潜在漏洞，扫描工具会尝试利用相应的漏洞利用代码或攻击向量，对目标主机进行模拟攻击。如果攻击成功，则说明该漏洞是真实存在的。

漏洞探测的结果对于评估目标主机的安全性至关重要。通过及时发现和修复这些漏洞，可以显著降低安全风险并提升网络的整体安全性。

二、网络安全扫描

网络安全扫描是一种远程检测目标网络或本地主机安全性脆弱点的技术。它通过模拟攻击行为，对网络中的主机、设备、服务等进行全面的检测和分析，以发现可能存在的安全漏洞。网络安全扫描技术通常包括漏洞扫描、配置审计、弱口令检测等。

（一）漏洞扫描

漏洞扫描是网络安全扫描的核心内容之一。它主要聚焦于目标主机上运行的软件和操作系统，通过对比已知的漏洞数据库，精准地识别出可能存在的安全漏洞。这些漏洞一旦被黑客利用，就可能导致系统被入侵、数据被窃取等严重后果。因此，及时发现并修复这些漏洞对于维护网络安全至关重要。

（二）配置审计

配置审计是网络安全扫描技术的另一重要组成部分。它主要关注网络设备的配置情况，通过检查设备的配置参数和设置，确保它们符合安全标准。如果设备的配置不当，可能会暴露出安全漏洞，使黑客有机会实施攻击。配置审计有助于发现并纠正这些潜在的安全风险，从而提升整个网络的安全防护能力。

（三）弱口令检测

弱口令检测则是针对密码安全性的专项检查。它通过尝试使用常见的弱密码对目标主机进行登录尝试，以判断其是否存在密码安全问题。弱口令是黑客攻击的常见手段之一，如果主机使用了弱密码，那么黑客可能很容易就能破解密码并获取主机的访问权限。因此，弱口令检测是预防密码攻击的有效手段之一，它能够帮助管理员及时发现并更换弱密码，提升系统的安全性。

三、网络扫描工具

网络扫描工具是执行网络扫描任务的重要辅助软件。这些工具通常集成了多种扫描技术和算法，能够自动化地执行扫描任务并生成详细的扫描报告。网络扫描工具可以根据用户的需求进行定制和配置，以满足不同的扫描需求。

常见的网络扫描工具包括 Nmap（network mapper）、Wireshark 等。

（一）Nmap

Nmap 主要用于主机发现、端口扫描、服务侦测以及操作系统识别等。它可以帮助用户快速了解目标网络中的设备和服务情况，发现潜在的安全隐患。Nmap 的脚本引擎和插件扩展功能使得用户可以自定义扫描过程，满足特定的需求。

（二）Wireshark

Wireshark 是一款强大的网络协议分析器，支持大量的网络协议，能够实时捕获和分析网络流量。它可以帮助用户深入了解网络中的数据流动情况，发现异常流量和定位网络故障。Wireshark 的过滤功能和数据导出功能也使其在处理大量数据时更加高效。

这些工具具有强大的功能和灵活的配置选项，可以对网络中的主机、端口、服务等进行全面的扫描和分析。同时，它们还提供了丰富的插件和扩展功能，用户可以根据需要进行定制和扩展。

此外，除常见的网络扫描工具外，还有许多其他工具可供选择，如 Sniffer、Active Port、Microsoft Baseline Security Analyzer（MBSA）等。这些工具各有特色，用户可以根据具体需求选择合适的工具进行网络扫描和安全评估。

四、网络安全扫描工具

网络安全扫描工具特指那些用于检测和扫描网络中的安全漏洞和风险，并提供修复建议和安全防护措施的软件工具。它们不仅对网络中的计算机、网络设备、服务和应用程序进行自动化扫描，还能够识别出潜在的安全威胁，避免黑客攻击、数据泄露和系统瘫痪等风险。

网络安全扫描工具通常包括漏洞扫描工具、弱口令扫描工具、Web 应用扫描工具等。

（一）漏洞扫描工具

漏洞扫描工具是其中一类重要的工具，通过扫描网络中的主机，设备和服务，寻找已知的漏洞和安全隐患。这些工具会利用漏洞数据库和扫描引擎，对目标系统进行深度探测，并提供详细的漏洞报告和修复建议。例如，Nessus 和 OpenVAS（open vulnerability assessment scanner）是常用的漏洞扫描工具。

（二）弱口令扫描工具

弱口令扫描工具是另一类常用的网络安全扫描工具，专注于检测网络系统中使用的密码强度，通过尝试使用常见的弱密码或密码字典对目标系统进行登录尝试，以发现弱密码和密码策略漏洞。这种扫描有助于用户及时更换不安全的密码，提升系统的安全性。常见的弱口令扫描工具包括 Hydra 和 John the Ripper。

（三）Web 应用扫描工具

Web 应用扫描工具也是网络安全扫描中不可或缺的一部分。这些工具专注于对 Web 应用程序进行安全检测，包括 SQL 注入、跨站脚本攻击（XSS）等常见漏洞的检测。通过模拟黑客的攻击行为，Web 应用扫描工具能够发现 Web 应用程序中的潜在安全威胁，并提供修复建议和安全加固措施。常用的 Web 应用扫描工具包括 Burp Suite 和 SQLMap。

除了上述提到的工具，还有许多其他类型的网络安全扫描工具，如端口扫描工具用于检测开放的端口和服务，网络流量分析工具用于分析网络流量中的异常行为等。这些工具各具特色，用户可以根据实际需求和场景选择适合的工具进行网络安全扫描。

需要强调的是，网络安全扫描工具只是安全防御体系中的一部分。它们的扫描结果向用户提供了对网络安全状况的初步了解和评估。用户在使用这些工具时，应结合其他安全措施，如防火墙、入侵检测系统（IDS/IPS）等，共同构建坚固的网络安全防线。同时，定期更新扫描工具和安全策略也是至关重要的，以适应不断变化的网络威胁环境。

任务二 使用 Nmap 进行网络扫描和安全评估

在进行网络安全评估和管理时，了解网络中各个设备的状况、运行的服务以及潜在的安全风险是至关重要的。Nmap 作为一款开源且功能强大的网络扫描工具，广泛应用于各种网络安全领域。它不仅能够帮助网络管理员识别网络中的设备，还能够对这些设备进行深入的服务检测、操作系统识别以及漏洞评估。通过灵活的参数配置，Nmap 能够针对不同的扫描需求提供详细的数据支持，从而帮助用户发现潜在的安全隐患并采取有效的防护措施。

Nmap 的功能十分丰富，适用于各种网络环境和安全需求。无论是执行基本的主机发现，还是进行深入的安全评估和漏洞扫描，Nmap 都能提供有力的支持。在本任务中，我们将通过具体的使用案例，展示如何使用 Nmap 进行网络扫描和安全评估，从而为网络管理员提供全面的安全保障。

一、功能介绍

Nmap 是一款广泛使用的开源网络扫描工具，主要用于主机发现、端口扫描、服务侦测以及操作系统识别。以下是 Nmap 的一些关键功能。

（1）主机发现：Nmap 可以快速扫描一个网络，确定哪些主机是在线的。通过使用各种技术（如 ICMP 请求、TCP 和 UDP 探测），Nmap 能够高效地识别网络中的活动设备。

（2）端口扫描：Nmap 可以扫描目标主机的开放端口，帮助用户了解哪些服务在运行。常见的扫描模式包括 TCP SYN 扫描、TCP 连接扫描和 UDP 扫描。

（3）服务侦测：Nmap 不仅可以识别开放端口，还可以确定运行在这些端口上的服务和版本。这使得用户能够详细了解网络中每个设备的服务情况。

（4）操作系统识别：通过分析响应包的特征，Nmap 可以推测目标主机的操作系统类型及其版本。

（5）脚本引擎和插件扩展：Nmap 的脚本引擎（NSE）允许用户编写和运行自定义脚本，以便进行更高级的扫描和漏洞检测。通过使用社区和自定义脚本，用户可以扩展 Nmap 的功能，满足特定需求。

二、参数说明

表 2-2-1 是一个 Nmap 参数使用说明表，涵盖了一些常用的 Nmap 参数及其用途。

表2-2-1　Nmap参数使用说明表

参数	说明	示例命令
-sT	TCP连接扫描（默认扫描）	nmap -sT 192.168.1.1
-sS	SYN扫描（需要root权限）	sudo nmap -sS 192.168.1.1
-sV	探测服务版本	sudo nmap -sV 192.168.1.1
-O	检测操作系统	sudo nmap -O 192.168.1.1
-p	指定端口范围	nmap -p 22-80 192.168.1.1
-p-	扫描所有65535个端口	nmap -p- 192.168.1.1
-F	快速扫描（仅扫描前100个常见端口）	nmap -F 192.168.1.1
-A	启用操作系统检测、版本检测、脚本扫描和traceroute	sudo nmap -A 192.168.1.1
-v	增加详细程度（可以叠加使用提高更多详细信息）	nmap -v 192.168.1.1
-oN	以普通文本格式保存扫描结果	nmap -oN output.txt 192.168.1.1
-sP	Ping扫描（仅检测在线主机，不扫描端口）	nmap -sP 192.168.1.0/24
-R	强制解析主机名	nmap -R 192.168.1.1
-6	扫描IPv6地址	nmap -6 2001：db8：：1

三、场景案例

假设你是一名网络管理员，负责管理一个公司网络。你需要对网络进行扫描，以识别所有连接的设备、开放端口以及潜在的安全漏洞。你还想了解某些关键服务器上运行的服务，以确保没有未授权的服务在运行。

步骤一：使用 ifconfig 命令查看本机所在网段。

```
ifconfig
```

输出类似结果：

```
eth0: flags=4163<UP,BROADCAST,RUNNING,MULTICAST>  mtu 1500
    inet 192.168.60.128  netmask 255.255.255.0  broadcast 192.168.60.255
    inet6 fe80:20c:29ff:fe0a:d3e8  prefixlen 64  scopeid 0x20<link>
    ether 00:0c:29:0a:d3:e8  txqueuelen 1000  (Ethernet)
    RX packets 1793  bytes 110287 (107.7 KiB)
    RX errors 0  dropped 0  overruns 0  frame 0
    TX packets 2865  bytes 203597 (198.8 KiB)
    TX errors 0  dropped 0 overruns 0  carrier 0  collisions 0
```

找到网络接口（如 eth0 或 wlan0），查看其 inet 地址（即 IP 地址）和子网掩码（netmask）。然后根据 IP 地址和子网掩码计算出网段。例如，IP 地址是 192.168.60.128，子网掩码是 255.255.255.0，则网段为 192.168.60.0/24。

步骤二：扫描子网 192.168.60.0/24 内的所有活动主机。

```
$ nmap -sn 192.168.60.0/24
```

命令解释：–sn：Ping 扫描，不进行端口扫描，只检查主机是否在线。

运行结果：

```
Starting Nmap 7.92 (https://nmap.org) at 2024-06-05 23:37 EDT
Nmap scan report for 192.168.60.1
Host is up (0.0015s latency).
Nmap scan report for 192.168.60.2
Host is up (0.0013s latency).
Nmap scan report for 192.168.60.128
Host is up (0.00028s latency).
Nmap done: 256 IP addresses (3 hosts up) scanned in 2.65 seconds
```

步骤三：扫描特定主机以发现开放端口和运行服务。

目标：这里我们选择扫描主机 192.168.60.1，识别其开放端口和运行服务。

```
$ sudo nmap -sS -sV 192.168.60.1
```

命令解释：

（1）–sS：TCP SYN 扫描，半开放扫描。

（2）–sV：服务版本检测，识别运行在端口上的具体服务及版本。

注意

运行这个命令需要管理员权限，否则会提示：

```
You requested a scan type which requires root privileges.
QUITTING!
```

运行结果如下：

```
Starting Nmap 7.92 ( https://nmap.org ) at 2024-06-05 23:42 EDT
Stats: 0:00:21 elapsed; 0 hosts completed (1 up), 1 undergoing Service Scan
Service scan Timing: About 75.00% done; ETC: 23:43 (0:00:07 remaining)
```

```
Stats: 0:00:26 elapsed; 0 hosts completed (1 up), 1 undergoing Service Scan
Service scan Timing: About 75.00% done; ETC: 23:43 (0:00:09 remaining)
Nmap scan report for 192.168.60.1
Host is up (0.00012s latency).
Not shown: 996 closed tcp ports (reset)
PORT     STATE SERVICE      VERSION
88/tcp   open  kerberos-sec Heimdal Kerberos (server time: 2024-06-06 03:42:53Z)
5000/tcp open  rtsp          AirTunes rtspd 760.20.1
5900/tcp open  vnc           Apple remote desktop vnc
7000/tcp open  rtsp          AirTunes rtspd 760.20.1
MAC Address: 8A:66:5A:30:AC:65 (Unknown)
Service Info: OS: Mac OS X; CPE: cpe:/o:apple:mac_os_x

Service detection performed. Please report any incorrect results at https://nmap.org/submit/.
Nmap done: 1 IP address (1 host up)scanned in 26.79 seconds
```

步骤四：扫描一个主机以发现潜在漏洞。

```
$ nmap --script vuln 192.168.60.1
```

命令解释：--script vuln：使用 Nmap 的脚本引擎（NSE）运行常见漏洞检测脚本。

运行结果：

```
Starting Nmap 7.92 ( https://nmap.org )at 2024-06-05 23:49 EDT
Pre-scan script results:
| broadcast-avahi-dos:
|  Discovered hosts:
|    224.0.0.251
|  After NULL UDP avahi packet DoS (CVE-2011-1002).
|_ Hosts are all up (not vulnerable).
Nmap scan report for 192.168.60.1
Host is up (0.00068s latency).
Not shown: 996 closed tcp ports (conn-refused)
PORT        STATE SERVICE
88/tcp      open  kerberos-sec
5000/tcp open  upnp
5900/tcp open  vnc
7000/tcp open  afs3-fileserver

Nmap done: 1 IP address (1 host up)scanned in 62.56 seconds
```

这个 Nmap 扫描结果提供了关于目标主机 192.168.60.1 的一些关键信息。以下是对结果的详细解释。

1.Nmap 启动和初始信息

```
Starting Nmap 7.92 (https://nmap.org) at 2024-06-05 23:49 EDT
Pre-scan script results:
| broadcast-avahi-dos:
| Discovered hosts:
| 224.0.0.251
| After NULL UDP avahi packet DoS (CVE-2011-1002).
|_ Hosts are all up (not vulnerable).
```

解释：

（1）Nmap 版本：使用的是 Nmap 7.92 版本。

（2）时间：扫描开始时间是 2024 年 6 月 5 日 23:49 EDT。

（3）预扫描脚本结果：运行了 broadcast-avahi-dos 脚本，用于检测基于 Avahi 的服务的 DoS（拒绝服务）漏洞（CVE-2011-1002）。

（4）发现的主机：224.0.0.251（这是一个多播地址，用于本地网络的服务发现）。 DoS 攻击结果：发现的主机不易受该漏洞的攻击，说明这些主机没有漏洞。

2. 扫描结果概述

```
Nmap scan report for 192.168.60.1
Host is up (0.00068s latency).
Not shown: 996 closed tcp ports (conn-refused)
PORT     STATE SERVICE
88/tcp   open  kerberos-sec
5000/tcp open  upnp
5900/tcp open  vnc
7000/tcp open  afs3-fileserver
```

解释：

（1）目标主机：扫描的目标是 192.168.60.1。

（2）主机状态：主机在线，延迟为 0.00068 秒。端口状态：有 996 个 TCP 端口是关闭的（拒绝连接）。

（3）开放端口：

① 88/tcp：开放，服务是 kerberos-sec（Kerberos 安全协议）。

② 5000/tcp：开放，服务是 upnp（通用即插即用）。

③ 5900/tcp：开放，服务是 vnc（虚拟网络计算，用于远程桌面访问）。

④ 7000/tcp：开放，服务是 afs3-fileserver（Andrew 文件系统文件服务器）。

3. 扫描总结

Nmap done: 1 IP address (1 host up)scanned in 62.56 seconds

解释：

（1）扫描完成：扫描了 1 个 IP 地址，共花费了 62.56 秒。

扫描结果说明目标主机 192.168.60.1 有以下几个开放的 TCP 端口，及相应的服务：

（2）88/tcp：Kerberos 安全协议，用于认证。

（3）5000/tcp：UPnP 服务，常用于设备发现和配置。

（4）5900/tcp：VNC 服务，用于远程桌面访问。

（5）7000/tcp：AFS3 文件服务器，用于分布式文件系统。

此外，预扫描脚本运行的结果显示，网络上的多播地址 224.0.0.251 不易受到 CVE-2011-1002 漏洞的攻击。这表明网络中的服务没有受到特定的 DoS 漏洞的威胁。

总体而言，该结果提供了目标主机的基本安全状况，包括开放的端口和运行的服务，这对于进一步的安全评估和防护措施具有重要参考价值。

四、任务小结

通过以上案例，我们详细介绍了 Nmap 的安装、常见使用场景及其具体命令和运行结果。Nmap 是一个功能强大且灵活的网络扫描工具，通过合理配置和使用，可以帮助网络管理员和安全专家更好地了解和保护网络环境。

任务三　外围信息收集

外围信息收集是网络安全工作中至关重要的一个环节。它涉及对目标网络或系统的周边信息进行收集和分析，以便为后续的渗透测试或安全评估提供有价值的线索。

一、域名信息收集

域名信息收集是网络外围信息收集的关键组成部分，主要关注目标域名的注册信息、DNS 记录以及子域名发现。

（一）注册信息查询

通过查询 Whois 数据库，我们可以获取目标域名的注册信息，包括但不限于：

（1）所有者信息：域名的所有者或注册人的姓名、组织名称、联系方式等。

（2）注册信息：域名的注册日期、到期日期、续费状态等。

（3）注册商信息：提供域名注册服务的机构或公司。

这些信息有助于我们了解域名的所有权结构、管理情况以及与域名相关的潜在风险。

（二）DNS 记录查询

DNS（域名系统）是互联网中用于将域名解析为 IP 地址的分布式数据库。通过 DNS 查询，我们可以获取与目标域名相关的关键记录，如：

（1）A 记录：将域名映射到 IPv4 地址。

（2）AAAA 记录：将域名映射到 IPv6 地址。

（3）MX 记录：指定用于接收电子邮件的邮件服务器。

（4）NS 记录：列出负责解析该域名的权威名称服务器。

（5）CNAME 记录：将一个域名作为另一个域名的别名。

这些 DNS 记录提供了关于域名如何被解析和使用的详细信息，有助于我们了解域名的网络架构和邮件服务配置。

（三）子域名枚举

子域名是主域名下的子级域名，通常用于区分网站的不同部分或服务。利用子域名枚举工具，我们可以发现与目标域名相关的其他子域名，进一步扩展信息收集的范围。子域名枚举有助于发现隐藏的服务、敏感信息或潜在的攻击面。

在进行域名信息收集时，我们需要注意遵守相关法律法规和隐私政策，确保只收集公开可用的信息，并尊重他人的合法权益。

二、开放端口与服务信息收集

开放端口与服务信息收集是了解目标系统网络服务状态的重要手段。通过端口扫描，我们能够发现目标系统上开放的端口，并识别出这些端口所对应的服务类型。

（一）端口扫描技术

端口扫描主要利用 TCP 和 UDP 这两种常见的网络协议来进行。

（1）TCP 扫描：通过发送 TCP 连接请求来探测目标主机上哪些端口是开放的。常用的 TCP 扫描技术有 SYN 扫描、ACK 扫描和 Xmas 扫描等。

（2）UDP 扫描：利用 UDP 数据包的特性来探测目标主机上的 UDP 端口。UDP 扫描通常比 TCP 扫描更为隐蔽，但也可能面临更高的探测失败率。

通过综合运用这些扫描技术，我们可以更全面地了解目标主机的端口开放情况。

（二）服务识别与版本探测

在获得开放端口的信息后，我们需要进一步确定在这些端口上运行的系统的具体服务类型及其版本。这可以通过发送特定的协议请求或利用已知的服务特征来实现。服务识别技术可以帮助我们识别出常见的网络服务，如 Web 服务器、FTP 服务器、数据库服务等。

同时，版本探测技术可以进一步揭示这些服务的具体版本信息。了解服务的版本对于评估潜在的安全风险至关重要，因为某些版本的服务可能存在已知的安全漏洞或缺陷。

（三）风险评估

通过服务识别与版本探测，我们可以对目标系统的网络服务进行全面的风险评估。这包括分析服务的已知漏洞、安全配置以及潜在的攻击面。基于这些信息，我们可以制定相应的安全策略和措施，以应对潜在的安全威胁。

需要注意的是，在进行开放端口与服务信息收集时，必须遵守相关法律法规和道德准则。未经授权的扫描行为可能涉嫌侵犯他人隐私或违反网络安全法规。因此，在进行此类活动之前，务必确保已获得合法的授权和许可。

三、搜索引擎结果

搜索引擎，如 Google、Baidu 等，是互联网信息检索的利器。通过输入关键词或短语，我们可以从海量的网络资源中筛选出与目标相关的各类信息。这些信息可能包括网站内容、新闻报道、用户评论、论坛讨论等，为我们提供了丰富的信息来源。

为了更精准地获取所需信息，我们可以运用高级搜索技巧。例如，使用引号将关键词引起来可以精确匹配整个短语；利用加号（＋）或减号（－）来限定或排除特定的关键词；设置搜索结果的排序方式或筛选条件等。这些技巧能够帮助我们快速定位到与目标高度相关的信息。

此外，搜索引擎的缓存和快照功能也是信息收集的有力工具。缓存功能可以保存网页的历史版本，即使目标网站的内容已经发生变化，我们仍然可以通过搜索引擎的缓存查看其过去的内容。快照功能则可以显示网页在搜索引擎索引时的状态，为我们提供目标网站的历史信息。

四、社交媒体信息

社交媒体提供了大量关于个人、企业及其活动的公开数据，是重要的信息源。这些信息不仅可以帮助企业优化管理和提升安全防护，也为网络攻击者提供了潜在的目标。因此，了解如何有效地收集和分析社交媒体上的信息，对于提升信息安全性和战略决策至关重要。接下来，我们将深入探讨社交媒体信息的价值及其应用。

（一）社交媒体信息的价值

社交媒体平台汇聚了海量的用户生成内容，包括个人资料、发布状态、评论互动等，这些信息对于了解目标个体或组织的特征、行为和动态具有重要意义。通过收集和分析这些信息，可以揭示出许多与目标相关的有价值线索。

（二）目标员工个人资料的收集与分析

在社交媒体平台上，员工的个人资料往往包括他们的职位、职责、教育背景、工作经验等关键信息。通过查看这些资料，我们可以初步了解员工在组织中的地位和角色，以及他们可能具备的专业技能和知识。此外，员工的社交媒体活动也可能反映出他们的安全意识水平，例如是否经常分享与工作相关的敏感信息，是否对陌生链接保持警惕等。

（三）目标公司社交媒体帖子的分析

公司的社交媒体账号通常会发布各种与公司业务、文化、活动相关的帖子。通过分析这些帖子，我们可以了解公司的最新动态，如新产品发布、市场活动、合作项目等。同时，公司也可能会发布安全公告，提醒员工和公众关注某些安全威胁或漏洞。这些信息对于评估公司的安全状况和风险水平具有重要价值。

（四）收集与分析的注意事项

在进行社交媒体信息收集时，必须遵守相关法律法规和道德规范，尊重用户的隐私和权益。收集的信息应仅限于公开、合法的范围，不得侵犯他人的隐私或进行非法活动。此外，对于收集到的信息应进行科学、客观的分析，避免主观臆断和误导性解读。

（五）社交媒体信息收集的意义与应用

社交媒体信息收集不仅有助于提升网络信息安全防护能力，还有助于企业制定更有针对性的市场策略、优化人力资源配置等。通过深入了解员工的个人特质和安全意识水平，企业可以更有针对性地开展安全培训；通过了解公司的最新动态和安全状况，企业可以及时调整自身的战略和策略，以应对潜在的安全风险和市场变化。

五、公开数据库与资源

公开数据库与资源在外围信息收集过程中扮演着至关重要的角色。这些数据库和资源不仅提供了丰富的信息，还为我们提供了一个高效、便捷的途径来获取目标的相关信息。

（一）IP 地址与域名信息

公开数据库中包含了大量的 IP 地址和域名信息。通过查询这些数据库，我们可以迅速获取到目标 IP 地址的地理位置、所属运营商、分配范围等关键信息。这些信息有助于我们了解目标的网络布局和可能的攻击路径。同时，域名信息也可以揭示目标的业务范围、合作伙伴等重要线索。

（二）网络拓扑结构

一些专门的数据库提供了关于网络拓扑结构的信息。通过分析这些数据，我们可以了解目标网络的架构、关键节点以及各节点之间的连接关系。这有助于我们识别网络中的潜在弱点，并为后续的渗透测试或安全评估提供重要参考。

（三）关联关系分析

公开数据库中可能还包含与目标实体相关的其他实体信息，如子域名、合作伙伴、供应商等。通过查询和分析这些关联关系，我们可以揭示出目标实体在业务、技术或安全方面的潜在联系。这些信息对于了解目标的整体情况、评估风险以及制定应对策略具有重要意义。

（四）安全公告与漏洞信息

许多公开数据库会定期发布安全公告和漏洞信息。这些公告和漏洞信息涉及各种软件、系统和应用的安全问题，包括最新的漏洞披露、攻击手法以及相应的防范措施。通过关注这些数据库，我们可以及时获得关于目标系统可能面临的安全风险的最新情报，从而采取相应的防御措施。

通过以上方式，公开数据库与资源能够有效地支持信息收集过程，为网络安全工作提供坚实的数据基础。

六、安全公告与漏洞信息

安全公告与漏洞信息是维护网络安全的基石，它们为组织提供了识别、理解和应对潜在安全威胁的关键信息。这些信息不仅有助于了解目标系统可能存在的漏洞，还能揭示潜在的安全风险，从而制定相应的防范措施。

（一）安全公告与漏洞信息的重要性

安全公告通常由国家信息安全机构、安全组织或软件供应商发布，内容涵盖最新的安全威胁、漏洞详情、影响范围以及推荐的修复措施。这些信息对于及时识别和修复系统中的漏洞至关重要，能够显著降低安全事件的风险和损失。

漏洞信息则涉及软件、硬件或系统中存在的安全缺陷，攻击者可能会利用这些漏洞来执行恶意行为，如数据窃取、系统破坏等。因此，了解并修复这些漏洞是保障系统安全性的重要一环。

（二）收集安全公告与漏洞信息的方法

（1）官方渠道：访问国家信息安全漏洞共享平台、各大安全公司的官方网站或安全公告专区，获取最权威、最及时的安全公告和漏洞信息。

（2）安全论坛与社区：参与专业的安全论坛和社区，与其他安全专家交流，获取一手的安全信息和经验分享。

（3）订阅安全邮件列表：许多安全组织会定期发布安全公告和漏洞信息，通过订阅这些邮件列表，可以自动接收最新的安全动态。

（4）使用漏洞扫描工具：利用自动化工具对系统进行漏洞扫描，这些工具能够主动发现系统中的潜在漏洞，并生成详细的报告。

（三）漏洞信息的评估与应对

收集到漏洞信息后，需要对其进行评估，确定漏洞的严重程度、利用难度以及对系统的影响范围等。基于评估结果，制定相应的修复计划，包括升级软件、修补漏洞、加强安全防护措施等。

同时，要关注漏洞信息的更新和变化，及时采取应对措施，防止攻击者利用已知漏洞进行攻击。

实　训　Wireshark 检测明文密码传输

在日常网络通信中，许多网站和应用仍然存在传输明文密码的安全隐患，尤其是在未使用加密协议（如 HTTPS）的情况下。这种明文传输的做法使得用户的敏感信息极易被黑客窃取，给用户带来巨大的安全风险。Wireshark 作为一款强大的网络流量分析工具，可以帮助我们实时捕获和分析网络数据包，检测出潜在的安全漏洞。通过实训，您将学习如何使用 Wireshark 识别和防范这些风险，确保网络通信的安全性。

接下来，我们将介绍本次实训的目标以及步骤，帮助您了解如何有效使用 Wireshark 检测明文密码的传输。

一、实训目标

日常中，我们发现部分同学可能在访问未经加密的网页，并且在这些网页上输入敏感信息，如用户名和密码。我们需要使用 Wireshark 捕获并分析网络流量，以确定是否存在明文传输的密码。

通过这种检测，可以识别和防范潜在的安全风险，确保网络通信的安全性。具体目标包括：

（1）识别明文传输的敏感信息：在网络流量中检测是否有未加密传输的用户名和密码。

（2）提升安全意识：提醒用户和管理员注意网络通信的安全问题，避免在不安全的网页上输入敏感信息。

（3）制定安全策略：基于检测结果，制定和实施合适的安全措施，防止信息泄露和网络攻击。

二、实训环境

实训环境包括一台安装了 Kali Linux 操作系统并配置了 Wireshark 工具的计算机。

三、实训步骤

Wireshark 是一款强大的网络协议分析工具，广泛用于网络故障分析、安全监控和通信协议的开发。这里提供一个 Wireshark 案例，帮助你了解如何使用这个工具来捕获和分析数据包。

步骤一：Wireshark 捕获 HTTP 流量。

启动 Wireshark，选择网络接口（如"eth0"），如图 2-4-1 所示。

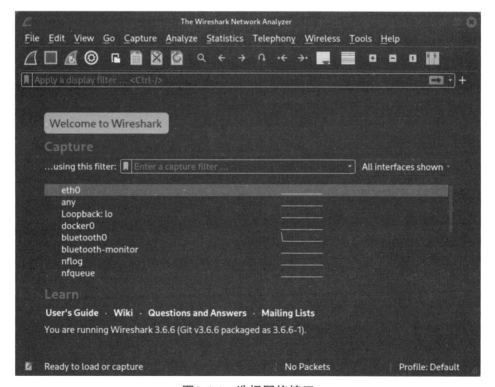

图2-4-1　选择网络接口

点击鲨鱼图标开始捕获流量，如图 2-4-2 所示。

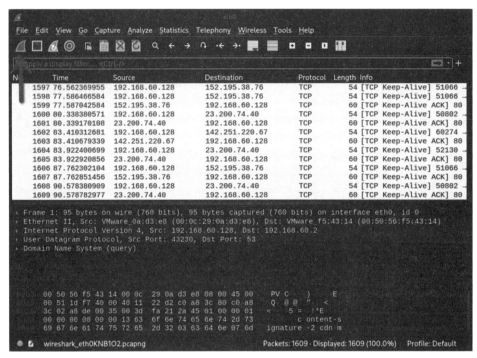

图2-4-2　开始捕获流量

步骤二：访问测试网站并输入敏感信息。

在浏览器中访问 http://testphp.vulnweb.com/，如图 2-4-3 所示。

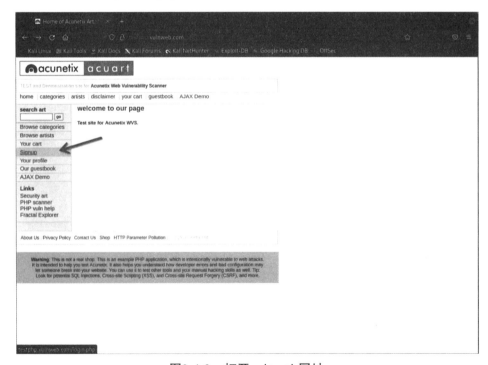

图2-4-3　打开vulnweb网址

输入用户名 testuser 和密码 testpassword，然后提交表单，如图 2-4-4 所示。

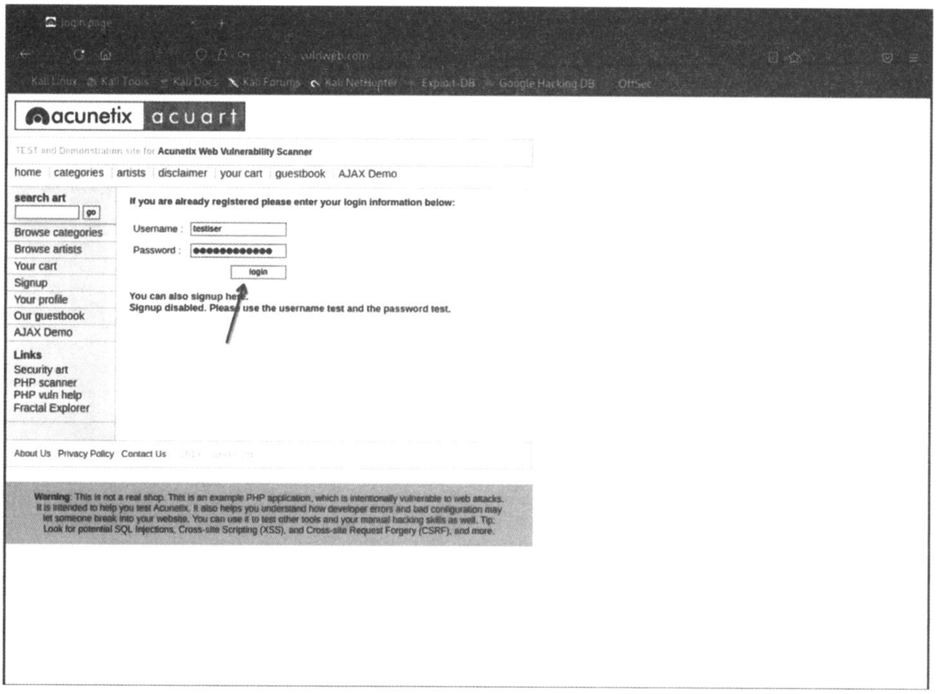

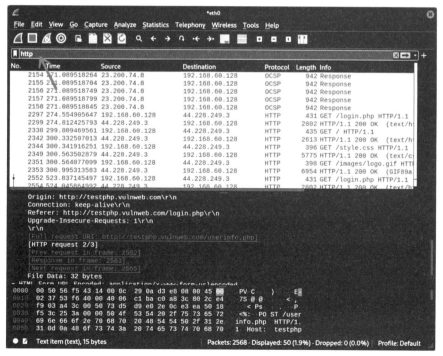

图2-4-4　填写表单

步骤三：Wireshark 中停止捕获并过滤 HTTP 流量。

捕获一段时间后，点击红色方块图标停止捕获。

在过滤器栏中输入 http 并按回车键，筛选出所有的 HTTP 流量，如图 2-4-5 所示。

图2-4-5　过滤http流量

步骤四：分析 HTTP POST 请求。

在过滤后的数据包列表中，找到包含表单提交的 HTTP POST 请求，如图 2-4-6 所示。

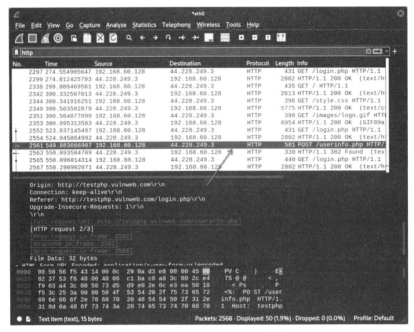

图2-4-6　HTTP POST请求

选择一个 POST 请求数据包，查看 Packet Details 窗口中的详细信息，如图 2-4-7 所示。

图2-4-7　Packet Details窗口

展开 Hypertext Transfer Protocol 部分，找到并展开 HTML Form URL Encoded，查看其中

的表单数据，可以看到用户名和密码以明文形式传输，如图 2-4-8 所示。

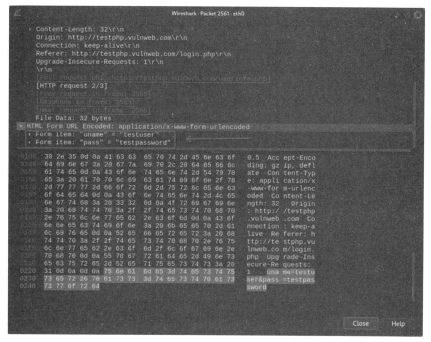

图2-4-8　提交的表单信息

在案例中，我们实际操作发现，在未加密的网站上输入的用户名和密码能够轻而易举地被工具捕获。这不仅存在暴露敏感信息的安全风险，也凸显了加密通信的重要性。

四、实训注意事项

（1）用户教育。

（2）提示用户避免在不安全的网页上输入敏感信息。

（3）提供网络安全培训，强调使用 HTTPS 协议的重要性。

（4）采取网络安全防护措施。

（5）配置网络防火墙，阻止访问不安全的网页。

（6）使用网络监控工具，实时检测并阻止敏感信息的明文传输。

五、实训总结

通过本案例，我们成功地使用 Wireshark 捕获并分析了网络流量，检测到在 HTTP 请求中明文传输的用户名和密码。这一过程展示了明文传输敏感信息的严重安全风险，并强调使用加密协议（如 HTTPS）的重要性。通过及时识别和分析这些安全漏洞，能够有效提升网络安全意识，并推动用户和管理员采取必要的防护措施，确保敏感信息在传输过程中的安全性，从而增强整体的网络安全防护能力。

学习笔记

项目三　防火墙技术及应用

▶▶ 项目目标

◆ 知识目标

1.掌握防火墙的基本概念、原理和功能，理解其在网络信息安全中的作用。

2.熟悉防火墙的基本类型，包括包过滤防火墙、代理服务器防火墙等，了解其特点和应用场景。

3.掌握 Windows 防火墙的基本配置方法，包括规则设置、端口管理等。

◆ 能力目标

1.能够根据网络环境和安全需求，设计和配置合适的防火墙方案。

2.能够熟练进行 Windows 防火墙的配置与应用，包括启用 / 禁用防火墙、设置入站 / 出站规则等。

3.能够分析和解决防火墙配置过程中遇到的问题，优化防火墙性能。

◆ 素养目标

1.培养学生的安全意识，使其在配置和应用防火墙时始终关注网络安全风险。

2.提升学生的实践操作能力，使其能够独立完成防火墙的配置和管理工作。

3.增强学生的团队协作和沟通能力，使其在网络安全项目中能够与他人进行有效合作。

4.培养学生的职业道德素养，使其在从事网络信息安全工作时能够遵守法律法规，维护网络安全秩序。

▶▶ 项目描述

本项目旨在使学生全面了解防火墙技术在网络信息安全领域的重要性及其实际应用。通过理论学习，学生将掌握防火墙的基本概念、类型及部署方式，了解防火墙如何有效保护网络免受未经授权的访问和攻击。实训部分将聚焦于 Windows 防火墙的配置与应用，使学生能够在实践中掌握防火墙的配置方法和技巧，提升实际操作能力。

任务一　防火墙技术概述

在现代网络安全中，防火墙技术是确保网络和数据安全技术的核心组成部分。随着网络的开放性和互联互通性不断增强，防火墙作为网络的第一道防线，起到了隔离、过滤和监控外部威胁的关键作用。它通过对网络流量的实时监控和严格控制，保护企业或组织的内部资源不受外部攻击的侵害。为了更好地理解防火墙的工作原理和重要性，接下来我们将详细介绍防火墙的基本概念、功能及其操作规则，从而为进一步的网络安全实践奠定基础。

一、防火墙的基本概念

古时候，人们常在寓所之间砌起一道砖墙，一旦火灾发生，它能够防止火势蔓延到其他寓所。自然，这种墙因此而得名"防火墙"。现在，如果一个网络接到了 Internet 上，它的用户就可以访问外部世界并与之通信，但同时，外部世界也同样可以访问该网络并与之交互。为安全起见，可以在该网络和 Internet 之间插入一个中介系统，竖起一道安全屏障。这道屏障的作用是阻断来自外部网络对本网络的威胁和入侵，提供扼守本网络的安全和审计的关卡。这种中介系统也叫作"防火墙"或"防火墙系统"。

在网络中，所谓"防火墙"是指一种将内部网和公众访问网（如 Internet）分开的方法。它实际上是一种隔离技术，属于经典的静态安全技术，用于逻辑隔离内部网络与外部网络。它是在两个网络通信时执行的一种访问控制措施，能允许自己"同意"的人和数据进入自己的网络，同时将自己"不同意"的人和数据拒之门外，最大限度地阻止网络中的黑客访问自己的网络。换句话说，如果不通过防火墙，公司内部的人就无法访问 Internet，Internet 上的人也无法和公司内部的人进行通信。防火墙应用示意图如图 3-1-1 所示。

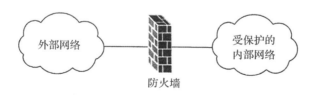

图3-1-1　防火墙应用示意

防火墙是指设置在不同网络（如可信任的企业内部网和不可信的公共网）或网络安全

域之间的一系列组件的组合。它是不同网络或网络安全域之间信息的唯一出入口，能够根据企业的安全政策控制（允许、拒绝、监测）出入网络的信息流，且本身具有较强的抗攻击能力。它是提供信息安全服务、实现网络和信息安全的基础设施。

二、防火墙的功能和局限性

防火墙技术已经成为当前网络安全领域中最为重要和活跃的领域之一，成为保证网络安全、保护网络数据的重要手段和必备的网络安全设备之一。"防火墙的目的是在内部、外部两个网络之间建立一个安全控制点，通过允许、拒绝或重新定向经过防火墙的数据流，实现对进、出内部网络的服务和访问的审计和控制"（参见国标 GB/T18019-1999）。

（一）防火墙的功能

防火墙能够提高主机群、网络及应用系统的安全性，它主要具备以下几个功能。

（1）网络安全的屏障：提高内部网络的安全性，并通过过滤不安全的服务降低风险，例如它可以禁止 NFS 协议进出防火墙。

（2）强化网络安全策略：通过集中的安全管理，在防火墙上实现安全技术（如口令、加密身份认证和审计）。

（3）对网络存取和访问进行监控和审计：所有经过防火墙的访问都将被记录下来生成日志记录，并针对网络的使用情况进行统计，而且通过设置对网络中的通信超出值或异常的行为进行报警、阻断。

（4）防止内部信息的外泄：对内部网络可以按照服务要求设置不同的安全等级，从而实现内部网络重点网段的隔离，避免局部重点或敏感安全问题影响全局网络。

（5）实现 VPN 的连接：防火墙支持具有 Internet 服务特性的内部网络技术体系 VPN。

（二）防火墙的局限性

防火墙能够对网络安全威胁进行一定的防范，但是，它不能解决所有的网络安全问题，某些威胁是防火墙力所不及的，例如以下几个方面。

（1）不能防御内部攻击。防火墙一般将内部网络认定为受信区域，而且内部的攻击是不通过防火墙的，它只能隔离内网与外网，因而对于内部的攻击无能为力。

（2）不能防御绕过防火墙的攻击。防火墙是一种静态的被动防御手段，如果某数据包没有通过防火墙，则防火墙不能采取任何主动措施，如内网用户通过 ADSL 与外网通信。

（3）不能防御新的威胁。防火墙被用来防备已知的威胁，当可信赖的服务被发现新的漏洞所产生的攻击、对协议的攻击、防火墙自身的系统安全风险或者错误的配置导致的防范失效时暂时无能为力，只有等待服务商的升级维护，如病毒库。

（4）不能防止传送已感染病毒的软件或文件。

（5）影响网络性能。防火墙是处于外网与内网的中间节点，且对所有数据流进行监控和审计，这必然会影响网络性能。

三、防火墙的规则

防火墙的安全规则由匹配条件和处理方式两部分组成，其中匹配条件如表 3-1-1 所示。

表3-1-1　防火墙匹配条件

防火墙处于网络层	数据包的源IP地址、目的IP地址以及协议
防火墙处于传输层	TCP或UDP数据单元的源端口号、目的端口号
防火墙处于应用层	各种应用协议
信息流	向内/向外：通过防火墙向内/外网发送数据包

处理方式采取表 3-1-2 所示的选项。

表3-1-2　防火墙处理方式

允许（Accept）	允许包或信息通过
拒绝（Reject）	拒绝包或信息通过，并通知信源信息被禁止
丢弃（Drop）	直接将数据包或信息丢弃，并不通知信源信息被禁止

在此基础上，所有防火墙产品都会采取以下两种基本策略：

（1）一切未被允许的就是禁止的：又称为"默认拒绝"，防火墙封锁所有信息流，然后对希望提供的服务逐项开放，即采取 Accept 处理方式。采取该策略的防火墙具备很高的安全性，但是也限制了用户所能使用的服务种类，缺乏灵活性。

（2）一切未被禁止的就是允许的：又称为"默认允许"，防火墙应转发所有的信息流，然后逐项屏蔽可能有威胁的服务，即采取 Reject 或 Drop 处理方式。采取该策略的防火墙使用较为方便，规则配置灵活，但缺乏安全性。

任务二　防火墙的基本类型

防火墙按照使用技术可以分为包过滤型和代理型，按照实现方式可以分为硬件防火墙和软件防火墙。

一、按实现方式分类

网络防火墙可以根据其实现方式的不同分为硬件防火墙、软件防火墙以及软硬件结合防火墙。每种防火墙的实现方式和应用场景都有其独特的优势和限制。硬件防火墙通过专用硬件加速数据包处理，通常适用于高带宽、高吞吐量的环境；软件防火墙则运行在通用操作系统上，适合中低带宽网络，具有一定的灵活性；而软硬件结合的防火墙则将硬件的高效性与软件的灵活性结合，能够在一定程度上兼顾性能和安全性。接下来，我们将具体探讨每种防火墙的实现方式及其特点。

（一）硬件防火墙

硬件防火墙是指采取 ASIC 芯片设计实现的复杂指令专用系统，它的指令、操作系统、过滤软件都采用定制的方式。它一般采取纯硬件设计即嵌入式或者固化计算机的方式，而固化计算机方式是当前硬件防火墙的主流技术，通常将专用的 Linux 操作系统和特殊设计的计算机硬件结合，从而达到内外网数据过滤的目的。

传统硬件防火墙一般至少应具备 3 个端口，分别连接内网、外网和 DMZ（非军事区）。现在一些新的硬件防火墙往往扩展了端口，常见的四端口防火墙一般将第四个端口作为配置口或管理端口，很多防火墙还可以进一步扩展端口数量。多家厂商都推出了自己的防火墙系列产品，如思科的 PIX 系列、新华三的 Quidway NS 系列、中科网威的 Netpower 防火墙等。

（二）软件防火墙

软件防火墙一般安装在隔离内外网的主机或服务器上，通过图形化的界面实现规则配置访问控制、日志管理等功能，一般来说这台计算机就是整个网络的网关。软件防火墙就像其他的软件产品一样，需要先在计算机上安装并做好配置才可以使用。防火墙厂商中做网络版软件防火墙最出名的莫过于 CheckPoint 及微软的 ISA 软件防火墙，使用这类防火墙，需要网管对操作系统平台比较熟悉。软硬件防火墙的性能对比如表 3-2-1 所示。

表3-2-1　软硬件防火墙性能对比

硬件防火墙	软硬件结合防火墙	软件防火墙
纯硬件方式，用专用芯片处理数据包，CPU只作管理之用	固化计算机的方式，机箱+CPU+防火墙软件集成于一体（PCBOX结构）	运行在通用操作系统上的能安全控制存取访问的软件，性能依靠于计算机CPU、内存等
使用专用的操作系统平台，避免了通用性操作系统的安全性漏洞	采用专用或通用操作系统	基于众所周知的通用操作系统，如Windows、Linux、UNIX等，对操作系统的安全依赖性很高
高带宽，高吞吐量，真正线速防火墙，即实际带宽与理论值可以达到一致	核心技术仍然为软件，容易形成网络带宽瓶颈，满足中低带宽要求，吞吐量不高。通常带宽只能达到理论值的20%～70%	由于操作系统平台的限制，极易造成网络带宽瓶颈。因此，实际所能达到的带宽通常只有理论值的20%～70%
性价比高	性价比一般	性价比较低

续表

硬件防火墙	软硬件结合防火墙	软件防火墙
安全与速度同时兼顾	中低流量时可满足一定的安全要求，在高流量环境下会造成堵塞甚至系统崩溃	可以满足低带宽低流量环境下的安全需要，高速环境下容易造成系统崩溃
没有用户限制	有用户限制，一般需要按用户数购买	有用户限制，一般需要按用户数购买
管理简单、快捷，具有良好的总体拥有成本	管理比较方便	管理复杂，与系统有关，要求维护人员必须熟悉各种工作站及操作系统的安装及维护

二、按使用技术分类

按使用技术分类，其中包过滤型防火墙又可分为静态包过滤（static packet filtering）和状态检测包过滤（stateful inspection packet filtering）。

（一）静态包过滤

静态包过滤是最初的防火墙技术，被应用于路由器的访问控制列表，在网络层中对数据包实施有选择的通过。依据系统内事先设定的过滤逻辑，检查数据流中每个数据包，根据数据包的源地址、目的地址、TCP/UDP 源端口号、TCP/UDP 目的端口号，以及数据包头中的各种标志位等因素，来确定是否允许数据包通过，其核心是安全策略即过滤算法的设计。根据安全策略，有选择地控制来往于网络的数据流的行动。静态包过滤的优点在于逻辑简单，对网络性能影响最小，有较强的透明性且与应用层无关，无需改动应用层程序。其缺点在于对网络管理人员的技术要求高，否则容易出现配置不当带来的许多问题，各种安全要求难以充分满足，对于地址欺骗、绕过防火墙的连接无法控制。

（二）状态检测包过滤

状态检测包过滤技术避免了静态包过滤技术的致命缺陷，即为了某种服务必须保持某些端口的永久开放，如多媒体、SQL 应用等，它直接对分组里的数据进行处理，并且结合前后分组的数据进行综合判断，然后决定是否允许该数据包通过。思科的 PIX 防火墙，以及 CheckPoint 的防火墙都采用该技术。

状态检测包过滤的优点在于支持几乎所有的服务，动态地打开某些服务端口，减少了端口开放的时间。但是由于它允许外部客户与内部主机直接连接，不能直接提供用户的鉴别机制，必须与 AAA 等服务器配合使用，造成实现技术相对复杂。

代理型防火墙又可分为电路级网关（circuit level gateway）和应用网关（application layer gateway）。

（1）应用网关技术是建立在网络应用层上的协议过滤，用来过滤应用层服务，起到外部网络向内部网络或内部网络向外部网络申请服务时的转接作用。应用网关对某些易于登录和控制所有输出输入的通信环境给予严格的控制，以防有价值的程序和数据被窃取。它的另一个功能是对通过的信息进行记录，如什么样的用户在什么时间连接了什么站点。在实际工作中，应用网关一般由代理服务器来完成。

当代理服务器接收到外部网络向内部网络申请服务时，首先对用户进行身份验证，合法则将申请转发给内网服务器，然后监控合法用户的访问操作，非法则拒绝访问。当收到内部网络向外部网络申请服务时，代理服务器的工作过程正好相反。

应用网关技术的优点在于配置简单，不允许内外主机直接连接，提供详细的日志记录可以隐藏内部 IP 地址，具有灵活的用户授权机制和透明的加密机制，可以方便地将 AAA 服务集成。但是它的代理速度要比包过滤慢，而且代理对用户不透明。

（2）电路级网关是一种通用代理服务器，工作于 OSI 模型的会话层或者是 TCP/IP 模型的传输层，适用于多个协议。它接收客户端的各种服务连接请求，代表客户端完成网络连接，建立一个回路，对数据包起到转发作用，数据包被提交给用户的应用层来处理。它的优点是一台服务器即可满足多种协议设置，隐藏被保护网络的信息，但它不能识别同一个协议栈上运行的不同应用程序。

按照使用技术分类时，除了这两种防火墙以外，还有一种可以满足更高安全性的技术的复合型防火墙，它采用基于状态包过滤和应用程序代理的混合模式，集两种方式防火墙的优点于一身，可以实现基于源 / 目的 IP 地址、服务、用户、网络组的精细粒度的访问控制。

三、防火墙的选择

（一）用户需求分析

对于防火墙选择的一个前提条件是明确用户的具体需求。因此，选择产品的第一个步骤就是针对用户的网络结构、业务应用系统、用户及通信流量规模、防攻击能力、可靠性、可用性、易用性等具体需求进行分析。

（1）要考虑网络结构。包括网络边界出口链路的带宽要求、数量等情况，以及边界连接多个地址规划对防火墙地址转换的需求、对路由模式和透明网桥模式的支持、是否需要按照不同安全级别设立多个网段，如设置内网、外网、DMZ 等 3 个或 3 个以上网段。目前，市场上的大多数防火墙都至少支持 3 个口，甚至更多。

（2）要考虑业务应用系统需求。防火墙对特定应用的支持功能和性能，包括对视频、语音、数据库应用穿透防火墙的支持能力，还有防火墙对应用层信息的过滤，特别是对垃圾邮件、病毒、非法信息等的过滤，同时还应考虑是否具有负载均衡功能。

（3）要考虑用户及通信流量规模方面的需求。网络规模大小、跨防火墙访问的网络用户数量要求防火墙具有较高的最大并发连接数网络边界的通信流量要求防火墙具有较高的吞吐量、较低的丢包率、较低的延时等性能指标，防止出现网络性能瓶颈。

（二）防火墙的主要指标

确定了上述问题后，对于市场上大量的防火墙产品，把防火墙的主要指标和需求联系起来，大体可以从以下几个基本标准入手：

（1）产品本身的安全性。针对产品所采用的系统构架是否完整、产品是否有过安全漏洞历史、是否有被拒绝服务攻击击溃的历史等进行判断。

（2）数据处理性能。主要的衡量指标包括吞吐量、转发率、丢包率、缓冲能力和延迟等，通过这些参数的对比可以确定一款硬件防火墙产品的性能优劣。吞吐量的大小主要由防火墙内网卡决定，对于中小型企业，选择吞吐量为百兆级的防火墙即可满足需要。

（3）功能指标。对网络层包过滤、连接状态检测功能的支持；对常见的标准网络协议的支持，如802.19、SNMP、IGMP、H.323等网络协议；对应用层的访问控制和过滤功能的支持；对源/目标地址转换功能、路由/透明网桥混合工作模式功能的支持；流量控制（带宽管理）；用户管理与认证等。

（4）可管理性与兼容性。配置是否方便、管理是否简便、是否具有可扩展性和可升级性也是非常重要的。

（5）产品的售后及相应服务。厂商必须提供完整的售后及升级服务，相比其他网络设备，用户在购买防火墙硬件设备的同时，最重要的是还购买了相关的服务。

在目前采用的网络安全的防范体系中，防火墙作为维护网络安全的关键设备，占据着举足轻重的位置。伴随着计算机技术的发展和网络应用的普及，越来越多的企业与个体都遭遇到不同程度的安全难题，因此市场对防火墙的设备需求和技术要求都在不断提升，而且越来越严峻的网络安全问题也要求防火墙技术有更快的提高。目前各大厂商正在朝这个方向努力，未来的防火墙技术的发展必将趋于功能的多样性、针对性，以及智能化水平的迅速提高。最终多功能、高安全性的防火墙一定可以让用户的网络更加安全高效。

（三）防火墙推荐

在选择防火墙的时候，应该注意防火墙本身的安全性及高效性。同时要考虑防火墙的配置及管理的便利性。一个好的防火墙产品必须符合用户的实际需要，比如良好的用户交互界面，既能支持命令行方式管理，又能支持GUI和集中式管理等。以下推荐几款比较知名的防火墙以供参考。

（1）卡巴斯基防火墙Anti-Hacker。这是卡巴斯基公司出品的一款非常优秀的网络安全防火墙，它和著名的杀毒软件AVP是同一个公司的产品。所有网络资料存取的动作都会经由它对用户产生提示，存取动作是否放行都由用户决定，而且可以抵挡来自内部网络或网际网络的黑客攻击。此软件的另一特色就是病毒库更新的及时性。卡巴斯基公司的病毒数据库每天更新两次，用户可根据自己的需要预设软件的更新频率。此款产品唯一不足的是，无论杀毒还是监控，都会占用较大的系统资源。

（2）诺顿防火墙企业版。诺顿防火墙企业版，适用于企业服务器、电子商务平台及VPN环境。此款产品可以提供安全故障转移和最长的正常运转时间等。此防火墙软件基于可靠的管理、维护、监控和报告体系，经过严格测试和行业验证，能够提供全面的边界安全保护。它的灵活服务可支持任意数量的防火墙部署，既适用于单一防火墙的管理，也能满足企业在全球范围内的防火墙部署需求。同时，软件还提供了包括 Windows NIDomain、Radius、数字认证、LDAP、S/Key、Defender、SecureID 在内的一整套强大的用户身份验证方法，使管理员可以从用户环境中灵活地选择安全数据。

（3）服务器安全狗。服务器安全狗是为 IDC 运营商、虚拟主机服务商、企业主机、服务器管理者等用户提供服务器安全防范的实用系统。是一款集 DDOS 防护、ARP 防护、查看网络连接、网络流量 IP 过滤为一体的服务器安全防护工具。具备实时的流量监测，服务器进程连接监测，及时发现异常连接进程监测机制。同时该防火墙还具备智能的 DDOS 攻击防护，能够抵御 CC 攻击、UDPFlood、TCPFlo0d、SYNFIo0d、ARP 等类型的服务器恶意攻击。该防火墙还提供详尽的日志追踪功能，方便查找攻击来源。

（4）McAfee Firewall Enterprise。McAfee Firewall Enterprise 的高级功能如应用程序监控、基于信誉的全球情报、自动化的威胁更新、加密流量检测、入侵防护、病毒防护及内容过滤等，能够及时拦截攻击。

任务三　防火墙的部署方案

在网络安全体系中，防火墙的部署方案至关重要。不同的网络结构、规模和安全需求决定了防火墙的配置模式和工作模式。在选择合适的防火墙部署方案时，需要考虑网络的拓扑结构、访问需求以及安全级别等多个因素。接下来，我们将详细讨论防火墙在网络中的应用模式，以及不同的部署方案如何根据实际需求来提升网络的安全性和防御能力。通过了解防火墙的部署方案和配置规则，您将能够制定更加精确和高效的网络安全策略。

一、防火墙在网络中的应用模式

在防火墙与网络的配置上，有以下 3 种典型结构：双宿/多宿主机模式、屏蔽主机模式和屏蔽子网模式。在介绍这 3 种结构前，先来了解几个相关的术语。堡垒主机（bastion host）是一种配置了较为全面安全防范措施的网络上的计算机，可以直接面对外部用户的攻击，一般处于内部网络的边缘，暴露于外部网络。从网络安全上来看，堡垒主机应该具备最强壮的系统，以及提供最少的服务和最小的特权。通常情况下，堡垒主机可以是代理服务器的平台，也可以是安装了防火墙软件的计算机或硬件防火墙。

（一）双宿/多宿主机模式

双重宿主机是指通过不同的网络接口连入多个网络的主机系统，它是网络互连的关键设备。例如，交换机可以说是在数据链路层的双重宿主机，路由器是在网络层的双重宿主机，应用层网关是在应用层的双重宿主机。

周边网络是指内部网络与外部网络之间的一个网络，通常将提供各种服务的服务器放置在该区域，又称为 DMZ 非军事区。它可以使外网用户访问服务时无需进入内部网络，同时内部网络用户访问服务时信息不会泄露到外部网络。

双宿 / 多宿主机防火墙（dual-homed/multi-homed firewall）又称为双宿 / 多宿防火墙，是一种拥有两个或两个以上连接到不同网络上的网络接口的防火墙，通常用一台装有多块网卡的堡垒主机作为防火墙，两块或多块网卡各自与受保护网和外部网相连，内部网络的用户能与双宿主机通信，同时外部网络的用户也能与双重宿主主机通信，但是这些用户不能直接通信，它们之间的通信被完全阻止。双宿主机的防火墙体系结构相对简单，位于内部网络和互联网之间，充当它们的隔离屏障。其体系结构如图 3-3-1 所示。

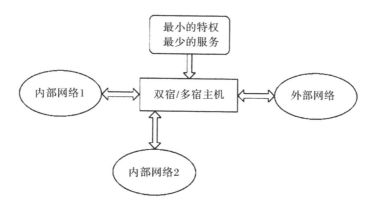

图3-3-1　双宿/多宿主机模式示意图

这种防火墙的特点是主机的路由功能被禁止，两个网络之间的通信通过应用层代理服务来完成。一旦黑客侵入堡垒主机并使其具有路由功能，那么防火墙将失去作用。

该模式的优点在于网络结构简单，有较好的安全性，可以实现身份鉴别和应用层数据过滤。但是用户访问外部资源较为复杂，用户机制存在安全隐患，一旦外部用户入侵堡垒主机，会导致内部网络处于不安全的状态。

（二）屏蔽主机模式

屏蔽主机防火墙（screened host firewall）由包过滤路由器和堡垒主机组成，其配置如图 3-3-2 所示。在这种方式的防火墙中，堡垒主机安装在内部网络上，通常在路由器上设立过滤规则，并使这个堡垒主机成为外部网络唯一可直接访问的主机，这保证了内部网络不被未经授权的外部用户攻击。屏蔽主机防火墙实现了网络层和应用层的安全，因而比单纯的包过滤或应用网关代理更安全。在这一方式下，过滤路由器是否配置正确，是这种防火墙安全与否的关键。如果路由表遭到破坏，堡垒主机就可能被越过，使内部网络完全暴露。

该模式的优点是比双宿 / 多宿主机模式有更好的安全性，路由器的包过滤技术能够限制外部用户访问内部网络特定主机的特定服务。内部用户访问外部网络较为灵活、方便。

由于路由器的存在，可以提高堡垒主机的工作效率。当然该模式也存在一定的缺点，首先，该模式允许外部用户访问内部网络，因此存在安全隐患；其次，一旦堡垒主机被攻陷，则内网无安全可言；最后，路由器和堡垒主机的过滤策略配置比较复杂，对于网管专业要求较高，且容易出现错误和漏洞。

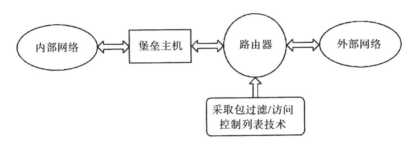

图3-3-2 屏蔽主机模式示意图

（三）屏蔽子网模式

屏蔽子网防火墙（screened subnet mode firewall）的配置如图 3-3-3 所示。

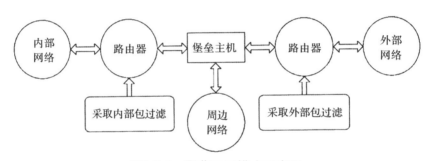

图3-3-3 屏蔽子网模式示意图

屏蔽子网防火墙采用了两个包过滤路由器和一个堡垒主机，在内外网络之间建立了一个被隔离的子网，这样就在内部网络与外部网络之间形成了一个"隔离带"，即周边网络又称非军事化区域。网络管理员将堡垒主机、Web 服务器、E-mail 服务器等公用服务器放在非军事区网络中。内部网络和外部网络均可访问屏蔽子网，但禁止它们穿过屏蔽子网通信。

它的优点是双层防护，入侵攻击难以实现。外网用户可以访问内网服务，而且无需进入内网，保证了内网的安全性。在这一配置中，即使堡垒主机被入侵者控制，内部网络仍然受到内部包过滤路由器的保护，成功地避免了单点失效的问题。但是这种模式的构建成本较高，配置相当复杂，容易出现配置错误，从而产生安全隐患。

上述三种经典模式是允许调整和改动的，如合并内外路由器、合并堡垒主机和外部路由器，此时防火墙既承担着路由功能也承担着安全保障功能；合并堡垒主机和内部路由器此时防火墙既承担着三层交换的功能也承担着安全保障功能；边界网络可以有多台内部路由器或者是多台外部路由器。总之要根据网络的拓扑、功能、特点，灵活地进行调整，从而确保网络的可用性、可靠性和安全性等。

二、防火墙的工作模式

防火墙的工作模式包括路由工作模式、透明工作模式和 NAT 工作模式。如果防火墙的接口可同时工作在透明与路由模式下，那么这种工作模式叫作混合模式。某些防火墙支持最完整的混合工作模式，即支持路由 + 透明 +NAT 的最灵活的工作模式，方便防火墙接入各种复杂的网络环境，以满足企业网络多样化的部署需求。

（一）路由工作模式

传统防火墙一般工作于路由模式，防火墙可以让处于不同网段的计算机通过路由转发的方式互相通信。图 3-3-4 所示为一个最简单的工作于路由模式的防火墙的应用。内网 1 为 192.168.1.0/24、网关指向防火墙的 E1 口（192.168.1.1），内网 2 为 192.168.2.0/24，网关指向防火墙的 E2 口（192.168.2.1），二者通过防火墙的路由转发包功能相互通信。同时防火墙的 E0（192.168.3.2）接口实现与路由器 F0/0（192.168.3.1）的连接，由路由器完成 NAT 功能，从而实现内部网络与外部网络的通信。路由工作模式的防火墙具有以下特点：

（1）防火墙工作方式相当于 3/4 层交换机。

（2）防火墙接口设置地址。

（3）不使用地址翻译功能。

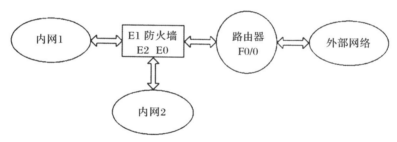

图3-3-4　防火墙路由模式工作示意图

但是，路由模式下的防火墙存在两个局限：当防火墙的不同端口所接的局域网都位于同一网段时，传统的工作于网络层的防火墙是无法完成这种方式的包转发的。被防火墙保护的网络内的主机要将原来指向路由器的网关设置修改为指向防火墙，同时，被保护网络原来的路由器应该修改路由表以便转发防火墙的 IP 报文。如果用户的网络非常复杂，就会造成设置上的麻烦。

（二）透明工作模式

工作在透明模式下的防火墙可以克服上述路由模式下防火墙的弱点，它可以完成同一网段的包转发，而且不需要修改周边网络设备的设置，提供很好的透明性。透明模式的特点就是对用户是透明的，即用户意识不到防火墙的存在。要想实现透明模式，防火墙必须在没有 IP 地址的情况下工作，不需要对其设置 IP 地址，用户也不知道防火墙的 IP 地址。

透明模式的防火墙就好像是一台网桥（非透明的防火墙好像一台路由器），网络设备

（包括主机、路由器、工作站等）和所有计算机的设置（包括 IP 地址和网关）无需改变，同时解析所有通过它的数据包，既增加了网络的安全性，又降低了用户管理的复杂程度。透明工作模式的防火墙具有以下特点：

（1）防火墙工作方式相当于二层交换机。

（2）防火墙网口不设地址。

图 3-3-5 所示为一个最简单的工作于透明模式的防火墙的应用。内网为 192.168.1.0/24，网关指向路由器的 F0/0 口（192.168.1.1），防火墙的 E0、E1 接口不设地址，相当于一台二层交换机。

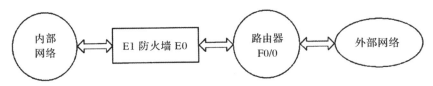

图3-3-5　防火墙透明模式工作示意

工作于透明模式的防火墙可以实现透明接入，工作于路由模式的防火墙可以实现不同网段的连接，但路由模式的优点和透明模式的优点是不能同时并存的。所以，大多数的防火墙一般同时保留了透明模式和路由模式，根据用户网络情况及需求，在使用时由用户进行选择，让防火墙在透明模式和路由模式下进行切换或采取混合模式，同时有透明模式和路由模式，但与物理接口是相关的，各接口只能在单个模式，而不能同时使用这两种模式。

（三）NAT 工作模式

防火墙的另外一个工作模式就是 NAT（地址转换）模式，它适用于内网中存在的一般用户区域和 DMZ 区域，在 DMZ 区中存在对外可以访问的服务器，同时该服务器具备经 InterNIC 注册过的 IP 地址。如图 3-3-6 所示，内网一般用户（地址为 192.168.1.2，网关设为防火墙接口 E1：192.168.1.1）在防火墙上实现 NAT 的转换来访问外部网络，同时防火墙接口 E2 连接 DMZ 区域，DMZ 区域内的服务器直接设置公有地址，这样可以保证外网用户访问内网服务器。它解决了服务器内的应用程序在开发时使用了源地址的静态链接问题。NAT 工作模式的防火墙具有以下特点：

（1）防火墙工作方式相当于 3/4 层交换机。

（2）防火墙的网口设置地址。

（3）使用地址翻译功能。

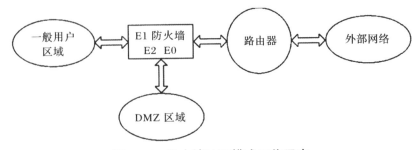

图3-3-6　防火墙NAT模式工作示意

在网络中使用哪种工作模式的防火墙取决于网络环境以及安全的要求，应综合考虑内网服务、网络设备要求和网络拓扑，灵活地采取不同的模式来获得最大的安全性能和网络性能。

三、防火墙的配置规则

在防火墙的配置中，最关键的就是安全实用，从这个角度考虑，在防火墙的配置过程中需要坚持以下 3 个基本原则。

（一）简单实用

对防火墙环境设计而言，首要的就是越简单越好。越简单的实现方式越容易理解和使用，而且设计越简单，越不容易出错，防火墙的安全功能越容易得到保证，管理也就越可靠、简便。

（二）全面深入

单一的防御措施是难以保障系统的安全的，只有采用全面的、多层次的深层防御战略体系才能实现系统的真正安全保障。在防火墙配置中，应系统地对待整个网络的安全防护体系，尽量使各方面的配置相互加强，从深层次上防护整个系统，体现在两个方面：一方面在防火墙系统的部署上采用多层次的防火墙部署体系，即采用集互联网边界防火墙、部门边界防火墙和主机防火墙于一体的防御；另一方面将入侵检测、网络加密、病毒查杀等多种安全措施结合在一起的多层安全体系。

（三）内外兼顾

防火墙的一个特点是防外不防内。在现实的网络环境中，80% 以上的威胁都来自内部。对内部威胁可以采取其他安全措施，如入侵检测、主机防护、漏洞扫描、病毒查杀等。

每种产品在开发前都会有其主要的功能定位，如防火墙产品的初衷就是实现网络之间的安全控制，入侵检测产品主要针对网络非法行为进行监控。但是随着技术的成熟和发展，这些产品在原来的主要功能之外增加了一些增值功能，如在防火墙上增加了查杀病毒、入侵检测等功能，在入侵检测上产品增加了病毒查杀功能。但是这些增值功能并不是所有应用环境都需要的，在配置时可针对具体应用环境进行配置，不必对每一功能都详细配置，这样不仅会大大增加配置难度，同时还可能因各方面配置不协调，引起新的安全漏洞，得不偿失。

一般的防火墙配置步骤采取图 3-3-7 所示的配置过程。根据不同的产品和技术要求，防火墙的配置可以忽略某一过程，但总的步骤是不变的。

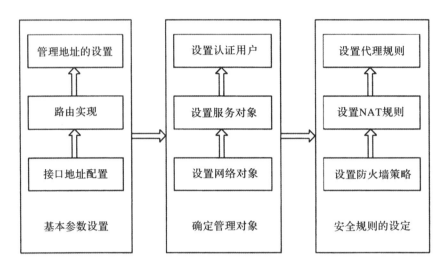

图3-3-7　防火墙配置步骤图

（四）建立规则文件

防火墙的配置文件可对导致进出的流量作出规定，因此规则文件非常重要，一般网络的重大错误往往是防火墙配置的错误。

（五）注重网络地址转换

当防火墙采取 NAT 模式时，对于内网用户的地址转换和 DMZ 区域内的服务器的地址转换要非常注意路由的合理设置。防火墙一般提供静态路由。静态路由表是由网络管理员在启动网络路由功能之前预先建立起的一个路由映射表。在设置路由时，不但要防止来自外部的攻击，还要防止来自内部人员进行非法活动，一般采用 IP+MAC+ PORT 绑定的方式，可防止内部主机盗用其他主机的 IP 进行未授权的活动。

（六）合理的规则次序

防火墙中，规则的排列顺序会直接影响其运行效果。很多防火墙按顺序检查数据包，规则顺序不同可能导致完全不同的检查结果。一些防火墙具备自动排列规则的功能，以确保最佳的防护效果。

（七）注意管理文件的更新

恰当地组织好规则之后，写上注释并定期更新，可以帮助管理员了解某条规则的用途，从而减少错误配置的产生。

（八）加强审计

在进行对防火墙的操作审计时，不仅要对操作进行审计，还需对审计内容本身进行审计，同时应明确访问权限，以充分保证审计内容的完整性和安全性。

实 训 Windows Server 防火墙的配置与应用

在现代企业网络环境中，防火墙是保护计算机系统免受恶意攻击和不必要的网络访问的第一道防线。Windows Server 防火墙作为 Windows 操作系统的一部分，提供了灵活的网络访问控制功能，能够根据用户需求定制详细的入站和出站规则，以保障服务器的安全。

本实训将详细介绍如何在 Windows Server 环境中配置防火墙规则，管理网络通信的访问权限。通过学习 Windows Server 防火墙的基本操作与配置方法，学员能够在实际工作中有效地进行网络流量管理，阻止不必要的通信，确保系统安全。

接下来，我们将逐步展示如何开启防火墙、配置规则、阻止不必要的网络访问，并通过具体实例来加深对防火墙配置的理解。

一、实训目的

掌握 Windows 防火墙的基本功能与作用，学会配置入站和出站规则，并理解如何允许或阻止特定程序或端口通过防火墙通信。

二、实训环境

（1）安装有 Windows Server 2022 操作系统的计算机和 macOS/Linux/Windows 操作系统的计算机。

说明：Windows Server 主要用于企业环境，提供高级网络管理、虚拟化和安全功能，支持多用户并发访问。Windows 家庭版则面向个人和家庭用户，注重用户体验和基本计算需求，适合日常使用。

（2）具有管理员权限的用户账户。

（3）可访问的网络环境（可选，用于测试防火墙的通信功能）。

三、实训步骤

（一）Windows Server 防火墙的开启和关闭

（1）在开始菜单中点击"控制面板"按钮，然后选择"系统和安全"选项，如图 3-4-1 所示。

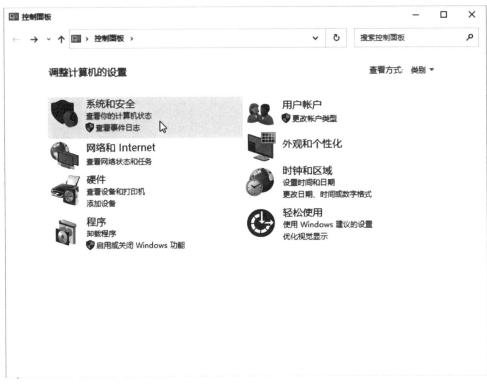

图3-4-1 控制面板

（2）点击"Windows Defender 防火墙"选项，如图 3-4-2 所示。

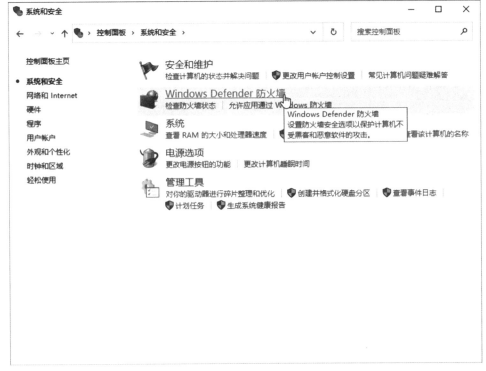

图3-4-2 Windows Defender防火墙

（3）点击"启用或关闭 Windows Defender 防火墙"选项，如图 3-4-3 所示。

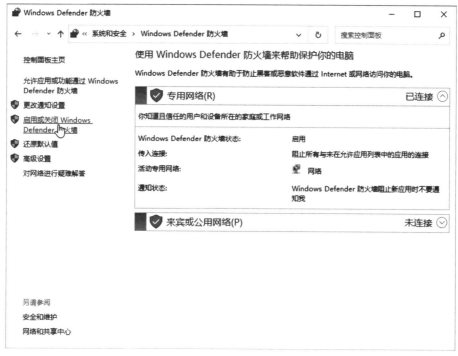

图3-4-3　启用或关闭Windows Defender防火墙

（4）为了演示防火墙关闭效果，选择"关闭 windows defender 防火墙（不推荐）"选项，如图 3-4-4 所示。

图3-4-4　关闭防火墙界面

（二）配置防火墙开启／阻止主机响应外部 PING

（1）在 Windows Server 系统机器上，打开命令提示符或 PowerShell，然后键入命令"ipconfig"，查找以太网适配器的 IPv4 地址。

```
ipconfig
```

返回结果如下：

```
Windows IP 配置
以太网适配器 Ethernet0：
连接特定的 DNS 后缀        : localdomain
本地链接 IPv6 地址         : fe80:7e50:6061:b9b8:75a7%6
IPv4 地址                : 192.168.60.129
子网掩码                 : 255.255.255.0
默认网关                 : 192.168.60.2
```

（2）使用 macOS/Linux/Windows 主机对 Windows Server 系统机器执行 ping 探测。

```
ping 192.168.60.129
```

运行结果如下：

```
PING 192.168.60.129 (192.168.60.129): 56 data bytes
64 bytes from 192.168.60.129: icmp_seq=0 ttl=128 time=0.358 ms
64 bytes from 192.168.60.129: icmp_seq=1 ttl=128 time=0.734 ms
64 bytes from 192.168.60.129: icmp_seq=2 ttl=128 time=0.747 ms
64 bytes from 192.168.60.129: icmp_seq=3 ttl=128 time=0.878 ms
64 bytes from 192.168.60.129: icmp_seq=4 ttl=128 time=0.782 ms
64 bytes from 192.168.60.129: icmp_seq=5 ttl=128 time=0.547 ms
```

这个结果显示了一个从本地机器向 IP 地址为 192.168.60.129 的主机发送 ICMP（Internet Control Message Protocol）数据包的 PING 命令输出。让我们详细解释每一部分。

- PING 192.168.60.129（192.168.60.129）: 56 data bytes:

  这是命令行中输入的 ping 命令，目标 IP 地址是 192.168.60.129，每个数据包包含 56 字节的数据。

- 64 bytes from 192.168.60.129: icmp_seq=0 ttl=128 time=0.358 ms:

  64 bytes from 192.168.60.129：表示从 IP 地址 192.168.60.129 接收到的数据包大小为 64 字节；

icmp_seq=0：ICMP 数据包的序列号，这里是第一个数据包，序号为 0；

ttl=128：TTL（生存时间，Time To Live）值是 128。TTL 是一个 IP 包的生存周期，表示数据包在网络中的最大跳数；

time=0.358 ms：往返时间为 0.358 毫秒，表示从发送数据包到接收响应所需的时间。

● icmp_seq=1，icmp_seq=2，icmp_seq=3，icmp_seq=4，icmp_seq=5：表示数据包的序列号，分别是 1、2、3、4、5。

● time=0.734 ms，time=0.747 ms，time=0.878 ms，time=0.782 ms，time=0.547 ms：每个数据包的往返时间分别为 0.734 毫秒、0.747 毫秒、0.878 毫秒、0.782 毫秒、0.547 毫秒。

总结来说，这个 PING 命令结果表示从本地机器向 192.168.60.129 发送了 6 个 ICMP 数据包，所有数据包都成功接收，数据包的往返时间在 0.358 毫秒到 0.878 毫秒之间。数据包的 TTL 值均为 128。总体来说，这表明网络连接正常且延迟很低。

（3）Windows Server 系统机器防火墙目前处于关闭状态，因此可以通过 PING 命令成功 ping 通 192.168.60.129。接下来，将测试在开启防火墙后的效果：点击"启用 Windows Derender 防火墙"，如图 3-4-5 所示。

图3-4-5　开启防火墙界面

（4）再次对 Windows Server 系统机器执行 ping 探测，运行效果如下：

ping 192.168.60.129 (192.168.60.129): 56 data bytes

Request timeout for icmp_seq 0

Request timeout for icmp_seq 1

Request timeout for icmp_seq 2

Request timeout for icmp_seq 3

Request timeout for icmp_seq 4

可以看到，在尝试与 IP 地址 192.168.60.129 的主机进行网络通信时，所有发送的 ICMP 回显请求数据包均未收到回应，终端显示五次"Request timeout for icmp_seq"。这种现象表明源主机与目标主机之间的网络连接存在问题，可能是由于目标主机未开启、网络连接中断或防火墙阻止所导致。

说明防火墙开启后，默认就阻止了响应外部 ping 命令。

（5）配置防火墙规则，允许 Windows Server 主机响应外部 ping 命令。

（6）进入防火墙"高级设置"界面，如图 3-4-6 所示。

图3-4-6　防火墙高级配置

（7）点击"入站规则"选项，选择"回显请求 –ICMPv4–In"选项，如图 3-4-7 所示。

图3-4-7　入站规则

（8）选择"已启用"和"允许连接（L）"选项，然后点击"应用（A）"按钮，如图3-4-8所示。

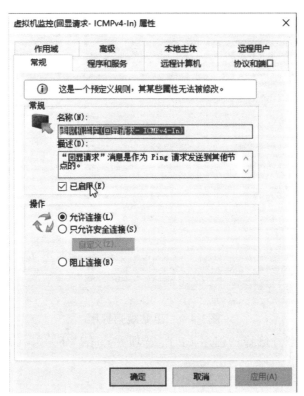

图3-4-8　ICMPv4启用界面

（9）对 Windows Server 系统机器执行 ping 探测，运行效果如下：

```
ping 192.168.60.129 (192.168.60.129): 56 data bytes
64 bytes from 192.168.60.129: icmp_seq=0 ttl=128 time=0.759 ms
64 bytes from 192.168.60.129: icmp_seq=1 ttl=128 time=0.682 ms
64 bytes from 192.168.60.129: icmp_seq=2 ttl=128 time=0.768 ms
64 bytes from 192.168.60.129: icmp_seq=3 ttl=128 time=0.400 ms
64 bytes from 192.168.60.129: icmp_seq=4 ttl=128 time=0.727 ms
```

根据命令运行结果，Windows Server 系统的机器现在已经能够正常响应 ping 命令了。

（三）基于程序进行过滤，配置防火墙阻止程序访问外网

如果希望某些程序（如 QQ、微信、IE 浏览器等）不能主动访问网络，那么可以通过在防火墙的出站规则中对该程序设置访问策略来进行限制。

（1）打开防火墙中的"高级设置"，点击"出站规则"，新建"出站规则"阻止程序联网，如图 3-4-9 所示。

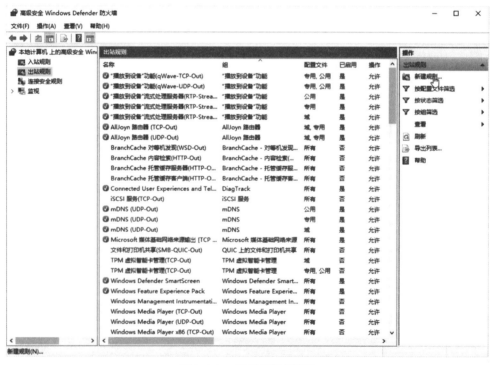

图3-4-9　出站规则界面

（2）设置规则类型，选择"程序（P）"选项并点击"下一步（N）"按钮，图 3-4-10 所示。

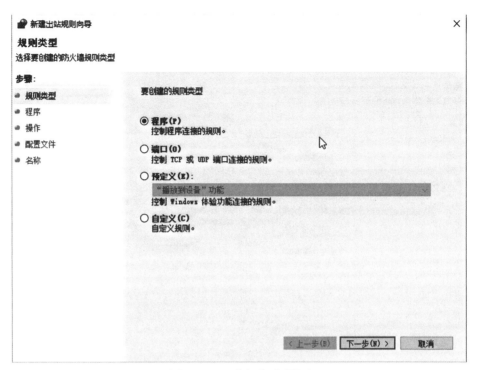

图3-4-10 选择程序界面

（3）设置程序类型，选择"所有程序"选项并点击"下一步（N）"按钮，图3-4-11
所示。

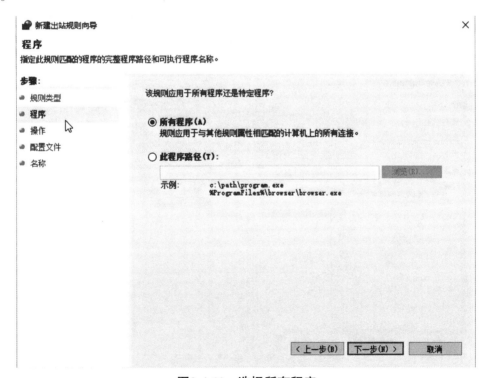

图3-4-11 选择所有程序

（4）设置操作类型，选择"阻止连接"选项并点击"下一步（N）"按钮，图3-4-12所示。

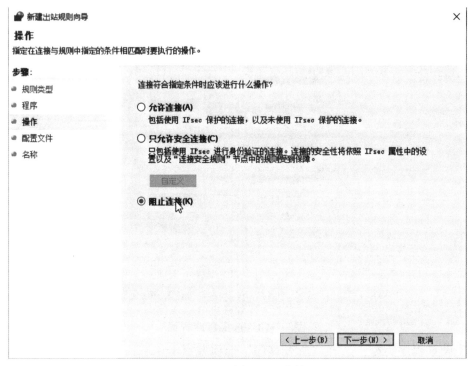

图3-4-12　选择阻止连接

（5）设置名称，如"姓名＋学号＋阻止程序"，图3-4-13所示。

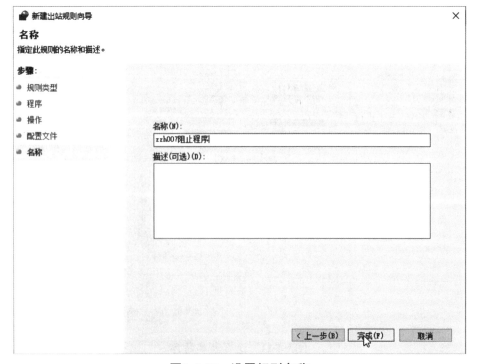

图3-4-13　设置规则名称

（6）点击"完成"后，启用该新建规则，打开浏览器，在地址栏中输入"https：//www.baidu.com"，看到的界面如图 3-4-14 所示。

图3-4-14　访问百度网站

可以看到，Windows Server 系统机器上，浏览器已经无法访问外部站点了。

（7）点击选择"出站规则"，右键点击刚才新建的规则条目，选择"禁用规则"，如图 3-4-15 所示。

图3-4-15　禁用规则

（8）打开浏览器，再次访问百度链接，浏览器可以正常访问了，如图3-4-16所示。

图3-4-16 正常访问百度界面

至此，我们已经掌握了通过出站规则限制服务器程序访问外部网络的方法。借助类似的配置，我们可以按照协议和端口进行过滤，配置防火墙以禁止访问特定的网络应用程序。

（四）基于IP地址进行过滤，配置防火墙阻止访问IP地址

在实际的网络访问中，可能会出现需要中断本地与特定网络主机之间的连接的情况，或者只允许特定主机与本地进行双向通信的情况。在这两种情况下，可以利用防火墙的IP地址过滤功能进行配置。

（1）访问某网站，在命令行下使用ping命令查询某网站IP地址。

```
ping www.oschina.net
```

运行结果如下：

```
PING all.oschina.net-1d96b9c4fc4.baiduads.com (180.76.198.147): 56 data bytes
64 bytes from 180.76.198.147: icmp_seq=0 ttl=54 time=36.225 ms
64 bytes from 180.76.198.147: icmp_seq=1 ttl=54 time=44.325 ms
64 bytes from 180.76.198.147: icmp_seq=2 ttl=54 time=42.881 ms
64 bytes from 180.76.198.147: icmp_seq=3 ttl=54 time=36.034 ms
```

--- all.oschina.net-1d96b9c4fc4.baiduads.com ping statistics ---
4 packets transmitted, 4 packets received, 0.0% packet loss
round-trip min/avg/max/stddev = 36.034/39.866/44.325/3.772 ms

可以看到网站服务器的 IP 地址：180.76.198.147。

（2）打开防火墙中的"高级设置"—出站规则，新建"出站规则"阻止本机访问某外网 IP 地址。具体规则设置过程：新建规则—规则类型（选择自定义）—作用域（此规则应用于本地任何 IP 地址，此规则应用于下列 IP 地址，添加要阻止访问的 IP 地址，如图 3-4-17）—操作（阻止连接）—名称（姓名 + 学号 + 阻止访问 IP 地址）。

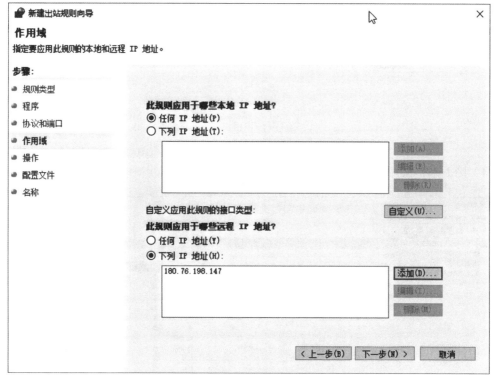

图3-4-17　IP过滤配置界面

（3）打开浏览器，访问 www.oschina.net，已经无法正常访问该网站。

图3-4-18　无法正常访问

（4）接下来，禁用该出站规则，如图 3-4-19 所示。

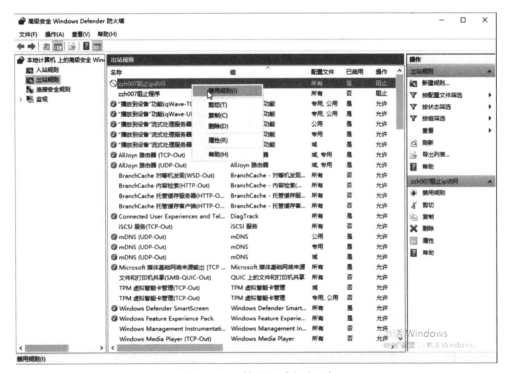

图3-4-19　禁用IP访问规则

（5）打开浏览器，再次访问 www.oschina.net，查看是否可以正常访问，如图 3-4-20 所示。

图3-4-20 正常访问oschina站点

我们已经成功展示了如何通过 IP 地址进行过滤，并配置防火墙来阻止对指定 IP 地址的访问。

四、实训总结

（1）掌握了 Windows Server 防火墙在保护系统免受网络攻击中的关键作用。

（2）学会了如何灵活配置入站和出站规则，以控制特定程序或端口的通信。

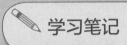

项目四　计算机病毒及防范

≫ 项目目标

◆ 知识目标

1.掌握计算机病毒的基本概念、分类及其传播途径，理解病毒对计算机系统的危害。

2.熟悉蠕虫病毒、木马程序的特征、工作原理及常见的防范方法，了解蠕虫病毒在网络环境中的传播方式。

3.了解杀毒软件的基本原理，熟悉杀毒软件的安装、配置和使用方法。

◆ 能力目标

1.能够识别常见的计算机病毒、蠕虫和木马等恶意程序，分析特点和危害。

2.能够独立进行杀毒软件的安装和配置，使用杀毒软件对计算机系统进行扫描和杀毒。

◆ 素养目标

1.培养学生的信息安全意识，使其在日常使用计算机时能够自觉遵守安全规范，防范病毒等恶意程序的攻击。

2.提升学生的实践操作能力，使其能够熟练运用杀毒软件等工具保护计算机系统的安全。

3.增强学生的团队协作和沟通能力，使其在应对病毒攻击等网络安全事件时能够与他人进行有效合作。

▶▶ 项目描述

　　本项目旨在使学生深入了解计算机病毒、蠕虫和木马等恶意程序的特性及危害，并掌握相应的防范和应对方法。通过理论任务的学习，学生将全面认识计算机病毒、蠕虫和木马的定义、传播途径、危害及防范措施，掌握它们各自的特征和识别方法。实训任务将指导学生如何安装和使用杀毒软件，以提升实际防护能力。通过本项目的学习，学生将能够有效地识别和防范计算机病毒等恶意程序，保护个人和组织的计算机系统和数据安全。

任务一 计算机病毒概述

随着 Internet 的迅速发展，网络应用变得日益广泛。除了操作系统和 Web 程序存在大量的漏洞之外，几乎所有的软件都可以成为病毒的攻击目标。同时，病毒的数量越来越多，破坏力越来越大，而且病毒的"工业化"入侵及"流程化"攻击等特点也越来越明显。现在黑客和其他病毒制造者为获取经济利益，通过集团化、产业化的运作，批量制造计算机病毒，寻找计算机的各种漏洞，入侵、攻击计算机，盗取用户信息。

一、计算机病毒的基本概念

在当今信息化、数字化迅速发展的背景下，计算机病毒成为威胁计算机安全的重要因素。无论是个人用户还是大型企业，都面临着来自病毒的不同层次的攻击风险。从传统的病毒、木马到如今复杂的蠕虫、勒索病毒，甚至针对移动设备的恶意程序，计算机病毒不仅能对计算机硬件、数据、操作系统造成直接损害，还可能导致财产损失、隐私泄露等一系列严重后果。因此，加强对计算机病毒的认知，了解病毒的分类、传播机制和防护措施，对于提高计算机安全性能、有效防范潜在威胁至关重要。本任务将通过对计算机病毒的基本概念进行详细讲解，为接下来深入探讨病毒防护措施奠定基础。

（一）计算机病毒的种类

2021 年瑞星"云安全"系统共截获病毒样本总量 1.19 亿个，病毒感染次数 2.59 亿次，病毒总体数量比 2020 年同期下降了 19.66%。报告期内，排名第一的木马病毒占到总体数量的 67.49%；排名第二的蠕虫病毒占总体数量的 13.85%；后门、灰色软件、感染型病毒分别占到总体数量的 8.75%、5.47% 和 3.76%，位列第三，第四和第五；除此以外还包括漏洞攻击和其他类型病毒。2021 年计算机病毒类型统计如图 4-1-1 所示。

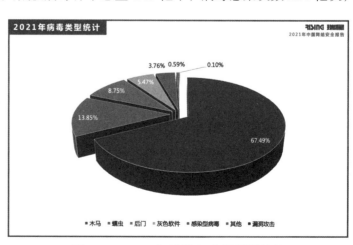

图4-1-1 2021年计算机病毒类型统计

随着计算机病毒的增多，计算机病毒的防护也越来越重要。为了做好计算机病毒的防护，首先需要知道什么是计算机病毒。

（二）计算机病毒的定义

一般来说，凡是能够引起计算机故障、破坏计算机数据的程序或指令集合统称为计算机病毒。依据此定义，逻辑炸弹、蠕虫等均可称为计算机病毒。

1994年2月18日，我国正式颁布实施《中华人民共和国计算机信息系统安全保护条例》（以下简称《条例》）。在《条例》第二十八条中明确指出："计算机病毒，是指编制或者在计算机程序中插入的破坏计算机功能或者毁坏数据，影响计算机使用，并能自我复制的一组计算机指令或者程序代码。"

这个定义明确指出了计算机病毒程序、指令的特征及对计算机的破坏性。随着互联网以及物联网的迅猛发展，手机等移动设备、智能终端已经成为人们生活中必不可少的一部分。2020年，360安全大脑共截获移动端新增恶意程序样本约454.6万个，平均每天截获新增手机恶意程序样本约1.2万个。随着这些移动终端处理能力的增强，病毒的破坏性也与日俱增。现在说的计算机病毒是广义上的计算机病毒概念，不单指对计算机产生破坏的病毒。

二、计算机病毒的产生

计算机病毒最初并不是作为一种威胁出现的，而是作为计算机技术中的一个理论概念。随着计算机技术和网络的普及，病毒从理论逐渐变为现实，成为信息安全的一个重要问题。从冯·诺依曼的理论提出，到磁芯大战中的自我复制程序，再到计算机病毒的实际出现和蔓延，病毒的发展与计算机技术息息相关。接下来，我们将详细介绍计算机病毒的产生和发展过程。

（一）磁芯大战

在冯·诺依曼发表《复杂自动装置的理论及组织的行为》一文的十年之后，美国电话电报公司（AT&T）的贝尔实验室的三个年轻工程师开发了一种叫作磁芯大战（Core War）的电子游戏。其进行过程如下：双方各编写一套程序，输入同一台计算机中；这两套程序在计算机内存中运行，相互追杀；有时会设置一些关卡，有时会停下来修复被对方破坏的指令；被困时，可以自己复制自己，逃离险境。这就是计算机病毒的雏形。

（二）计算机病毒的出现

1983年，杰出计算机奖获得者科恩·汤普逊（Ken Thompson）在颁奖典礼上的演讲不但公开地肯定了计算机病毒的存在，而且告诉听众怎样编写病毒程序。1983年11月3日，弗雷德·科恩（Fred Cohen）在南加州大学攻读博士学位期间，研制出一种在运行过程中可以复制自身的破坏性程序，并在论文中第一次公开展示了计算机病毒。在他的论文中，将病毒定义为"一个可以通过修改其他程序来复制自己并感染它们的程序"。伦·艾德勒曼

（Len Adleman）将其命名为计算机病毒，从而在实验上验证了计算机病毒的存在。

1986 年初，第一个广泛传播的计算机病毒问世，即在巴基斯坦出现的"Brain"病毒。该病毒在一年内流传到了世界各地，并且出现了多个对原始程序的修改版本，例如"Lehigh""迈阿密"等病毒。这些病毒都针对 PC 用户，并以软盘为载体，随寄主程序的传递感染其他计算机。

（三）我国计算机病毒的出现

我国的计算机病毒最早发现于 1989 年，是来自西南铝加工厂的病毒报告—小球病毒报告。此后，国内各地陆续报告发现该病毒。在不到三年的时间内，我国又出现了"黑色星期五""雨点""磁盘杀手""音乐"等数百种不同类型的病毒。1989 年 7 月，针对国内出现的病毒，公安部计算机管理和监察局监察处反病毒研究小组迅速编写了反病毒软件 KILL。它是国内第一个反病毒软件。

三、计算机病毒的发展历程

计算机病毒的出现是有规律的。一般情况下，一种新的计算机病毒技术出现后，反病毒技术的发展会抑制其传播。而当操作系统进行升级时，计算机病毒也会调整其传播的方式，产生新的技术。计算机病毒的发展过程可划分为以下几个阶段。

（一）引导型病毒阶段

1987 年，计算机病毒主要是引导型病毒。当时的计算机硬件较少，功能简单，一般需要通过软盘启动后使用。引导型病毒利用软盘的启动原理工作，修改系统启动扇区，在计算机启动时首先取得控制权，占用系统内存，修改磁盘读写中断，影响系统工作效率，在系统存取磁盘时进行传播。其典型代表是"小球""石头"等病毒。

（二）DOS 可执行文件型病毒阶段

1989 年，可执行文件型病毒出现。此类病毒的特点是利用 DOS 操作系统加载执行文件的机制工作，在系统执行文件时取得控制权，修改 DOS 中断，在系统调用时进行传染，并将自己附加在可执行文件中，使文件长度增加。1990 年，其发展为复合型病毒，可感染 com 和 exe 文件。

（三）伴随型病毒阶段

1992 年，伴随型病毒出现。这种类型的病毒利用 DOS 加载文件的优先顺序进行工作。其会在感染 exe 文件时生成一个和 exe 同名的扩展名为".com"的伴随体；感染 com 文件时，将原来的 com 文件修改为同名的 exe 文件，再生成一个原名的伴随体，文件扩展名为".com"。这样在 DOS 加载文件时，病毒就会取得控制权。这类病毒的特点是不改变原来的文件内容、日期及属性，解除病毒时只要将其伴随体删除即可。其典型代表是"海盗旗"

病毒。

（四）多形病毒阶段

1994 年，随着汇编语言的发展，可以用不同的方式实现同一功能。这些方式的组合使得一段看似随机的代码产生相同的运算结果。多形病毒是一种综合性病毒，既能感染引导区又能感染程序区，多数具有解码算法，一种病毒往往需要两段以上的子程序才能解除。其典型代表是"幽灵"病毒。"幽灵"病毒每感染一次都会生成不同的代码。

（五）病毒生成器、变体机阶段

1995 年，在汇编语言中，一些数据的运算放在不同的通用寄存器中，可以运算出相同的结果而随机插入一些空操作和无关指令不会影响运算的结果。这样，一段解码算法就可以由生成器生成，当生成的是病毒时，就产生了病毒生成器和变体机。其典型代表是"病毒制造机"（viruscreation laboratory，VCL）病毒，可以在瞬间制造出成千上万种不同的病毒。

（六）网络传播阶段

1995 年，随着网络的普及，病毒开始利用网络进行传播，比较常见的是蠕虫病毒。网络带宽的增加为蠕虫病毒的传播提供了有利条件，网络中蠕虫病毒占非常大的比例，且有越来越盛的趋势。其典型代表是"尼姆达""冲击波"病毒等。

（七）宏病毒阶段

1996 年，随着 Microsoft Office Word 功能的增强，使用宏语言也可以编制病毒。这种病毒使用类 Basic 语言，编写容易，可感染 DOC 文件。其典型代表是"Nuclear"宏病毒。

（八）邮件病毒阶段

1999 年，随着 E-mail 的流行，一些病毒通过电子邮件来进行传播，如果不小心打开了这些邮件，机器就会中毒。也有一些利用邮件服务器进行传播和破坏的病毒。其典型代表是"Melisahappy199"病毒。

（九）移动设备病毒阶段

2000 年，随着手持终端处理能力的增强，病毒也开始攻击手机和 iPad 等手持移动设备。2000 年 6 月，世界上第一个手机病毒"VBS.Timofonica"在西班牙出现。随着移动用户人数和产品数量的增加，手机病毒的数量越来越多。

（十）物联网病毒阶段

2016 年，美国的 Dyn 互联网公司的交换中心受到来自上百万个 IP 地址的攻击。这些恶意流量来自网络连接设备，包括网络摄像头等物联网设备。这些设备被一种称为"Mirai"的病毒控制。"Mirai"病毒是物联网病毒的鼻祖，其具备了所有僵尸网络病毒的基本功能

（爆破、C&C 连接、DDoS 攻击），后来的许多物联网病毒都是基于 Mirai 的源码进行更改的。表 4-1-1 所示为近 40 年典型的计算机病毒事件。

表4-1-1　近40年典型的计算机病毒事件

年份	名称	事件
1987	黑色星期五	病毒第一次大规模暴发
1988	蠕虫病毒	罗伯特·莫里斯（Robert Morris）编写第一个蠕虫病毒
1990	4096	第一个隐藏型病毒，会破坏数据
1991	米开朗基罗	第一个格式化硬盘的开机型病毒
1996	Nuclear	基于Microsoft office的病毒
1998	CIH	第一个破坏硬件的病毒
1999	Mellisa、happy99	邮件病毒
2000	VBS.Timofonica	第一个手机病毒
2001	Nimda	集中了当时所有蠕虫传播途径，是破坏性非常大的病毒
2003	冲击波	通过微软的RPC缓冲区溢出漏洞进行传播的蠕虫病毒
2006	熊猫烧香	破坏多种文件的蠕虫病毒
2008	磁碟机病毒	其破坏、自我保护和反杀毒软件能力均10倍于"熊猫烧香"病毒
2014	苹果大盗病毒	暴发在"越狱"的iPhone手机上，目的是盗取Apple ID和密码
2017	WannaCry勒索病毒	至少150个国家的30万名用户中招，造成损失达80亿美元（约518亿元人民币）
2018	GandCrab勒索病毒	勒索病毒依然是2018年影响最大的病毒

任务二　蠕虫病毒的特征和防治方法

　　蠕虫病毒是一种通过网络传播并具有高度自我复制能力的恶意程序。与传统的计算机病毒有所不同，它不依赖宿主文件进行传播，而是通过网络连接自我复制，迅速感染大量计算机。由于其强大的传播速度和破坏力，蠕虫病毒对网络安全构成了严峻的威胁。了解蠕虫病毒的特征及其防治方法，对有效防范此类病毒的侵害至关重要。接下来，我们将详细探讨蠕虫病毒的概念、特征以及相应的防治措施。

一、认识蠕虫病毒

随着网络技术的发展，病毒的传播方式和破坏性也变得越来越复杂。蠕虫病毒作为其中的一种，因其传播速度快、攻击范围广，已成为近年来网络安全领域的重要关注点。不同于传统的计算机病毒，蠕虫病毒通过网络自我复制和传播，能够迅速感染大量计算机，并可能导致网络瘫痪、数据丢失等严重后果。因此，了解蠕虫病毒的工作原理和传播方式，对于预防和应对这种威胁具有重要意义。接下来，我们将深入探讨蠕虫病毒的概念、传播方式以及与传统病毒的区别。

（一）蠕虫病毒的概念

蠕虫病毒是一种常见的计算机病毒，通过网络复制和传播，具有病毒的一些共性，如传播性、隐蔽性、破坏性等，同时也有自己的一些特征，如不利用文件寄生（有的只存在于内存中）。蠕虫病毒是自包含的程序（或是一套程序），能传播自身功能的副本或自身某些部分到其他的计算机系统中（通常是经过网络连接）。与一般计算机病毒不同，蠕虫病毒不需要将其自身附着到宿主程序中。

蠕虫病毒的传播方式多种多样，包括通过操作系统漏洞、电子邮件、网络攻击、移动设备以及即时通信等社交网络进行传播。

在产生的破坏性上，蠕虫病毒也不是普通计算机病毒所能比拟的。网络的发展，使蠕虫病毒可以在短时间内蔓延整个网络，造成网络瘫痪。根据使用者的情况可将蠕虫病毒分为两类：

（1）针对企业用户和局域网的：这类病毒利用系统漏洞主动进行攻击，可以造成整个Internet瘫痪的后果，如"尼姆达""SQL蠕虫王"病毒；

（2）针对个人用户的：这类病毒通过网络（主要通过电子邮件、恶意网页的形式）迅速传播，以"爱虫""求职信"病毒为代表。

在这两类蠕虫病毒中，第一类蠕虫病毒具有很强的主动攻击性，而且暴发也较为的突然；第二类蠕虫病毒的传播方式比较复杂、多样，少数利用了应用程序的漏洞，更多的是利用社会工程学对用户进行欺骗和诱惑，这样的病毒造成的损失是非常大的。

（二）蠕虫病毒与传统病毒的区别

蠕虫病毒一般不采取PE格式插入文件的方法，而是复制自身，并在互联网环境下进行传播。传统病毒的传染能力主要是针对计算机内的文件系统而言的，而蠕虫病毒的传染目标是互联网内的所有计算机。局域网条件下的共享文件夹、电子邮件、网络中的恶意网页、大量存在着漏洞的服务器等都成为蠕虫病毒传播的良好途径。网络的发展也使蠕虫病毒可以在几个小时内蔓延全球，蠕虫病毒的主动攻击性和突然爆发性将使人们手足无措。传统病毒与蠕虫病毒的比较如表4-2-1所示。

表4-2-1　传统病毒与蠕虫病毒的比较

特性	传统病毒	蠕虫病毒
定义	依附于文件或程序，感染计算机系统内的文件	独立存在并自我复制，通过网络传播，感染多个计算机
传播方式	通过感染计算机内的文件系统传播（如.exe文件、宏病毒）	通过网络传播（如电子邮件、共享文件夹、网络漏洞、恶意网页）
感染目标	主要针对单个计算机或局域网内的文件系统	针对整个网络环境内的所有计算机
传播速度	较慢，依赖用户执行感染的文件或程序	非常快，可在几小时内通过网络蔓延全球
破坏方式	通过破坏或修改文件内容，影响系统正常运行	占用网络带宽，导致系统崩溃，破坏网络资源
防范措施	使用杀毒软件扫描和清理感染文件，定期更新杀毒软件和系统补丁	使用防火墙、入侵检测系统、定期更新操作系统和应用软件，及时修补漏洞
检测难度	相对容易，杀毒软件能较好地检测和清理	较难，因其传播速度快，需结合多种安全措施进行防范和检测

二、蠕虫病毒的特征

蠕虫病毒作为一种独特的网络安全威胁，其传播方式和工作机制与传统计算机病毒有着显著的区别。蠕虫病毒不仅能够快速自我复制，还能够利用网络的互联性，迅速在计算机系统中扩散。它的自我复制能力、独立传播特性以及对系统漏洞的高度利用，使得蠕虫病毒具有巨大的破坏潜力。因此，了解蠕虫病毒的特征，尤其是其复制与传播机制，对于有效防范和应对蠕虫病毒的威胁至关重要。接下来，我们将深入分析蠕虫病毒的主要特征，帮助大家更好地识别和应对这一安全隐患。

（一）自我复制与传播

蠕虫病毒以其独特的复制机制在网络中迅速扩散。一旦蠕虫病毒成功感染了一台计算机，便会在该计算机上执行自我复制操作，生成大量的病毒副本。这些副本随后会通过各种途径，如网络共享、电子邮件附件或即时通信工具等，传播到其他计算机上。蠕虫病毒利用网络的连通性，在短时间内迅速扩散到整个网络，形成大规模的蠕虫病毒传播。

（二）独立传播

与计算机病毒需要依赖宿主文件或程序进行传播不同，蠕虫病毒具有自主传播的能力。它们不需要依附于其他文件或程序，而是通过直接利用网络协议或漏洞来感染目标计算机。这使得蠕虫病毒在网络环境中具有更高的隐蔽性和传播效率。

（三）利用漏洞

蠕虫病毒通常会利用计算机系统或网络协议中的漏洞来入侵目标计算机。这些漏洞可能是操作系统、应用软件或网络协议中的安全缺陷，攻击者利用这些漏洞可以绕过安全机制，获得对目标计算机的访问权限。一旦成功入侵，蠕虫病毒会尝试在目标计算机上执行各种恶意操作，如窃取数据、破坏系统或进行进一步的传播等。

（四）危害性强

蠕虫病毒对网络安全的威胁不容小觑。它们可以导致网络拥堵，使得正常的网络通信受阻。同时，蠕虫病毒还可能导致关键服务停止运行，使得用户无法正常使用网络资源。更为严重的是，蠕虫病毒还可能窃取用户的敏感信息，如账号密码、信用卡信息等，给用户带来经济损失。此外，蠕虫病毒还可能被用于发起分布式拒绝服务攻击（DDoS），对特定目标进行网络攻击，造成严重的后果。

三、蠕虫病毒的防治方法

为了有效防范蠕虫病毒的入侵和扩散，采取一系列综合防治措施显得尤为重要。除了传统的防病毒软件，及时更新系统补丁、加强网络安全意识以及合理的操作习惯，都是减少蠕虫病毒危害的关键。我们可以通过以下方法，帮助用户建立起更加坚实的防护壁垒，保障计算机系统的安全。

（一）安装杀毒软件

为了有效防范蠕虫病毒的攻击，用户应安装信誉良好的口碑软件，并定期更新病毒库。杀毒软件能够实时监控计算机系统的运行状态，发现并清除潜在的蠕虫病毒。同时，用户还应养成每次开机后进行杀毒的习惯，确保系统的安全。此外，对于已经感染蠕虫病毒的计算机，用户应及时进行全盘扫描和清除，以彻底消除病毒威胁。

（二）重要文件备份

为了避免蠕虫病毒对重要文件造成破坏或丢失，用户应定期备份关键数据。备份过程中，可以选择将文件保存在外部存储设备或云端存储中，以确保数据的安全性。在备份文件之前，用户应对载体和电脑进行杀毒体检，确保待备份文件未被病毒感染。同时，用户还应避免使用中毒后的电脑打开文件，以防感染进一步扩大。

（三）注意软件来源

在下载和安装软件时，用户应格外注意软件的来源。尽量从官方网站或可信的软件下载平台获取软件，避免从不明来源或非法渠道下载。对于不确定是否安全的软件，用户可以在沙箱环境中隔离运行，观察其行为是否异常。如果软件存在恶意行为或疑似感染蠕虫病毒，用户应立即卸载并清除相关文件。

（四）使用安全浏览器

浏览器是用户上网的主要工具，也是蠕虫病毒传播的重要途径之一。因此，用户应安装并使用安全浏览器，以提高上网的安全性。安全浏览器通常具备防病毒、防钓鱼等功能，可以有效拦截恶意网站和下载链接。同时，用户还应避免直接使用无防护或 Windows 自带的 IE 浏览器浏览未知网页，以减少感染蠕虫病毒的风险。

（五）修复系统漏洞

蠕虫病毒常常利用计算机系统中的漏洞进行攻击。因此，用户应定期检查和修复 Windows 系统漏洞，确保系统的安全。可以在系统空闲时（如晚上睡觉前）让电脑自动处理修复任务，完成后立即重启电脑并进行常规杀毒。此外，用户还应保持操作系统的更新，及时安装最新的安全补丁和更新程序，以提高系统的防护能力。

通过采取上述防治方法，可以有效地减少蠕虫病毒的感染风险，保护计算机系统和网络安全。然而，网络安全是一个持续的过程，用户需要保持警惕并定期更新防护措施以应对新的威胁。同时，加强网络安全意识教育也是非常重要的，提高用户对网络安全的认识和防范意识，共同构建安全、稳定的网络环境。

任务三　木马病毒的攻击防治方法

随着网络安全威胁的不断增加，木马病毒（也称木马）作为一种常见且危险的恶意软件，已经成为攻击者入侵计算机系统的常用工具。木马病毒通过伪装和隐藏，悄无声息地进入计算机，窃取敏感信息、控制系统，甚至进行更大范围的网络攻击。不同于传统的病毒或蠕虫，木马病毒依赖于用户的执行和交互，因此防范木马病毒攻击不仅仅是依赖技术手段，还需要用户保持警觉，避免打开来自不明来源的文件或程序。接下来，我们将深入探讨木马病毒的概述、其传播方式以及常见的防治方法，帮助用户更好地理解并应对这一网络安全威胁。

一、木马病毒概述

木马全称"特洛伊木马"，英文名称为 Trojan Horse，它来源于《荷马史诗》中描述的一个古希腊故事。在网络中的"特洛伊木马"没有传说中的那样庞大，它们是一段精心编写的计算机程序。木马设计者将这些木马程序插入软件、邮件等宿主中，网络用户执行这些软件时，在毫不知情的情况下木马就进入了他们的计算机，进而盗取数据，甚至控制系统。黑客使用木马，甚至配合其他入侵方式（如认证入侵、漏洞入侵等），实现对网络中的计算机系统的入侵与控制。

特洛伊木马病毒是指隐藏在正常程序中的一段具有特殊功能的恶意代码，具备破坏和删除文件、发送密码、记录键盘和用户操作、破坏用户系统，甚至使系统瘫痪的功能。木马可以被分成良性木马和恶性木马两种。良性的木马本身没有什么危害，关键在于控制该木马的是什么样的人。如果是恶意的入侵者，那么木马就是用来实现入侵目的的；如果是网络管理员，那么木马就是用来进行网络管理的工具。恶性木马可以隶属于"病毒"家族。这种木马被设计出来的目的就是进行破坏与攻击。目前有很多木马程序在互联网上传播，它们中的很多与其他病毒相结合，因此也可以将木马看作是一种伪装潜伏的网络病毒。

如果出现机器有时死机，有时又重新启动；在没有执行什么操作的情况下，拼命读写硬盘；系统莫名其妙地对软驱进行搜索；没有运行大的程序，而系统的速度越来越慢，系统资源占用很多；用任务管理器调出任务表，发现有多个名字相同的程序在运行，而且可能会随时间的增加而增多等现象时，就应该查一查系统，是不是有木马在计算机里安家落户了。

（一）特洛伊木马与病毒的区别

特洛伊木马与前面介绍的病毒或蠕虫有一定的区别，因为它不会自行传播；如果恶意代码自身进行复制操作，那就不是特洛伊木马了。如果恶意代码将其自身的副本添加到文件、文档或者磁盘驱动器的启动扇区来进行复制，则被认为是病毒；如果恶意代码在无需感染可执行文件的情况下进行复制，那这些代码被认为是某种类型的蠕虫：木马不能够自行传播，但是病毒或蠕虫可以用于将特洛伊木马作为负载的一部分复制到目标系统上，中断用户的工作，影响系统的正常运行，在系统中提供后门，使黑客可以窃取数据或者控制目标系统。

（二）特洛伊木马的种植

木马一般兼备伪装和传播这两种特征，并与 TCP/P 网络技术相结合。木马一般分成客户端和服务端两个部分。对于木马而言，它的客户端和服务端的概念与传统网络环境的客户端和服务端的概念恰恰相反。在一般的网络环境下，服务端是指某个网络环境的核心，可以通过客户端对服务器进行访问，提出需求；服务端对客户端的需求进行分析与控制，用来决定是否实施网络服务。然而，对于木马来说，其客户端扮演了"服务器"的角色，是使用各种命令的控制台，而服务器则扮演了"客户端"的角色。在区分服务端和客户端时可以使用如下方法：作为入侵者使用的计算机上运行的是客户端，其执行的功能是"服务器"，而被种了木马的计算机上运行的是服务器端，其执行的功能是"客户端"。

要想将木马植入目标机器，首先需要进行伪装。一般木马的伪装有两种手段。

第一种是将自己伪装成一般的软件。例如，将木马伪装成一些看似有用的小程序，当目标机器的用户执行了该程序，系统报告出现了内部错误，然后程序退出。用户可能会认为这是程序没有开发好，然而过段时间，用户可能会发现自己的一些网络工具的密码被盗了。

第二种是把木马绑定在正常的程序上面。例如，老道的黑客可以通过编程把一个正版 Winzip 安装程序和木马编译成一个新的文件，它可以一边进行 WinZip 程序的正常安装，一边神不知鬼不觉地把木马种下去。这种木马有可能被细心的用户发觉，因为这个 WinZip 程序的容量在绑定了木马之后就会变大。

木马进行伪装之后就可以通过各种方式进行传播了。例如，将木马通过电子邮件发送给被攻击者，将木马放到网站上供人下载，通过其他病毒或蠕虫病毒进行木马的传播等。

（三）特洛伊木马的行为

当计算机被植入木马程序并运行时，攻击者可以通过其"客户端"向目标计算机发出请求，而"服务端"则会响应并执行相应操作。这些操作包括浏览和修改文件系统、获取文件、查看和控制系统进程、修改注册表和系统配置、截取屏幕截图、记录输入输出操作以窃取密码等个人信息、控制键盘和鼠标等硬件设备、利用受感染计算机作为跳板攻击其他网络中的设备，以及通过网络下载新的恶意软件文件。

一般情况下，木马在运行后会修改系统，以便在下一次系统启动时自动运行木马程序。修改系统的方法包括利用 Autoexec.bat 和 Confg.sys 进行加载、修改注册表的启动信息、修改 win.ini 文件，以及感染 Windows 系统文件，实现自动启动并隐藏其存在。

二、木马病毒的分类

自木马程序诞生至今，已经出现了多种类型，对它们进行完全的列举和说明是不可能的。大多数木马并不是单一功能的，它们往往是多种功能的集成体，甚至包括一些未公开的功能。尽管如此，对木马程序进行基本分类对计算机使用者来说非常必要。以下是常见木马程序按照不同功能的分类介绍。

（一）远程控制木马

远程控制木马是数量最多、危害最大、知名度最高的一类木马，如冰河木马。它可以让入侵者完全控制被种植木马的计算机，进行许多计算机主人都不能顺利完成的操作。其主要特征包括：

（1）完全控制目标计算机：如访问文件、获取私人信息（信用卡、银行账号等）；

（2）集成多种功能：键盘记录、上传和下载文件、注册表操作、限制系统功能等。

（二）密码发送木马

密码发送木马专门用于盗取被感染计算机上的密码。它会自动搜索内存、缓存、临时文件夹及各种敏感密码文件，并通过电子邮件将密码发送到指定邮箱。其主要特征包括：

（1）自动搜索和发送密码：通过 25 号端口发送电子邮件；

（2）隐蔽性强：在受害者不知情的情况下获取密码。

（三）键盘记录木马

键盘记录木马记录受害者的键盘敲击并在日志文件中查找密码。它们可以随系统启动运行，有在线和离线记录两种方式。其主要特征包括：

（1）记录按键情况：获取密码、信用卡账号等有用信息；

（2）邮件发送功能：将记录的内容发送给攻击者。

（四）破坏性木马

这种木马的唯一功能是破坏被感染计算机的文件系统，导致系统崩溃或数据丢失。其主要特征包括：

（1）主动破坏文件系统：使计算机无法正常运行；

（2）激活由攻击者控制：传播能力较病毒逊色。

（五）DoS 攻击木马

DoS（Denial of Service）攻击木马用于发动分布式拒绝服务攻击（也称为 DoS 攻击），如邮件炸弹木马。被感染的计算机会成为攻击者的"肉鸡"，通过数量众多的"肉鸡"提高攻击成功率。其主要特征包括：

（1）发动 DoS 攻击：攻击者利用"肉鸡"对目标发起攻击；

（2）网络危害大：给网络带来巨大损失。

（六）代理木马

代理木马用于掩盖黑客的身份，让被控制的计算机成为攻击跳板。其主要特征包括：

（1）提供匿名攻击：通过代理木马隐藏攻击者身份；

（2）使用多种程序：如 Telnet、ICQ、IRC 等。

（七）FTP 木马

FTP 木马可能是最简单、最古老的木马。它的唯一功能是打开计算机的 21 号端口，等待用户连接。现在的新 FTP 木马还加入了密码功能，仅攻击者知道正确密码。其主要特征包括：

（1）打开 21 号端口：等待攻击者连接；

（2）密码保护：只有攻击者知道正确密码。

通过以上分类，可以清晰了解不同类型木马程序的功能及危害，对我们提高防范意识、保护计算机安全有重要意义。

实　训　模拟恶意程序分析和处理

在当前的网络环境中，计算机病毒如蠕虫和木马等恶意程序的威胁日益严重。它们不仅能够对个人计算机造成直接损害，还可能通过网络传播，影响整个计算机系统的安全性。为了有效防范和应对这些威胁，掌握恶意程序的识别与处理方法至关重要。通过模拟恶意程序的分析与处理，学生不仅能够加深对这些恶意软件的理解，还能在实践中学会如何利用专业工具进行系统清理、修复和防护。接下来，我们将通过一系列的实训步骤，让学生亲自体验如何检测和应对恶意程序，提升其网络安全防护技能。

一、实训目的

本案例旨在帮助学生通过实际操作，深入理解计算机病毒如蠕虫和木马等恶意程序的特性及其危害，掌握识别和防范恶意程序的方法。学生将通过在虚拟环境中模拟病毒感染，使用杀毒软件进行检测和清除，并配置防火墙和实施其他防护措施来提高系统安全性。

二、实训环境

一台安装有 Kali Linux 测试系统的计算机。

三、实训步骤

在信息安全领域，恶意程序的检测和处理是非常重要的技能。本次实训通过在虚拟机中模拟恶意程序的安装和扫描，帮助我们掌握如何使用病毒扫描工具以及如何分析和处理恶意软件。在这个过程中，我们将首先通过创建系统快照，确保能够恢复到干净的系统状态，然后模拟恶意程序的下载和安装，接着使用 ClamAV 等工具对恶意程序进行检测和处理。通过这个实验，我们能够更好地理解防病毒软件的工作原理及其在实际应用中的重要性。

（一）创建系统快照

（1）在 VMware Workstation 中，选择虚拟机，点击"快照"—"拍摄快照"。

（2）为快照命名为"Clean State"，并添加描述（如"系统初始状态"）。

（3）点击"拍摄"按钮完成快照创建。

（二）恶意程序安装

（1）下载模拟恶意程序。打开虚拟机中的浏览器，访问 EICAR 官方网站：https：//www.eicar.org/download-anti-malware-testfile/，如图 4-4-1 所示。

图4-4-1　EICAR官方网站

（2）下载 EICAR 测试文件，保存为 eicar.com。

（三）安装 ClamAV

1. 打开终端，运行 sudo 命令

```
sudo apt update
sudo apt install clamav clamtk
```

命令解释：
sudo 命令以超级用户权限运行 clamscan，确保有足够的权限访问和扫描指定的文件。

注意

如果运行命令 sudo apt install clamav clamtk，出现如下错误：

E: Failed to fetch
http://mirrors.neusoft.edu.cn/kali/pool/main/libe/libevent/libevent-2.1-7t64_2.1.12-stable-10_amd64.deb Could not connect to mirrors.neusoft.edu.cn:80 (219.216.128.25). - connect (111: Connection refused)Cannot initiate the connection to mirrors.neusoft.edu.cn:80 (2001:da8:a807::25). - connect (101: Network is unreachable)
E: Failed to fetch
http://mirrors.neusoft.edu.cn/kali/pool/main/g/gmp/libgmpxx4ldbl_6.3.0+dfsg-2+b1_amd64.deb Cannot initiate the connection to mirrors.neusoft.edu.cn:80 (2001:da8:a807::25). - connect (101: Network is unreachable)

```
E: Failed to fetch
http://mirrors.neusoft.edu.cn/kali/pool/main/r/rkhunter/rkhunter_1.4.6-12_all.deb Cannot
initiate the connection to mirrors.neusoft.edu.cn:80 (2001:da8:a807::25). - connect (101:
Network is unreachable)
```

这个错误消息表明你的系统在尝试从指定的镜像站点（mirrors.neusoft.edu.cn）下载软件包时遇到了网络连接问题。可以尝试更换镜像源：

（1）编辑 /etc/apt/sources.list 文件：

```
sudo nano /etc/apt/sources.list
```

（2）将文件中的镜像源替换为其他可用的镜像，例如官方镜像：

```
deb http: //http.kali.org/kali kali-rolling main non-free contrib
```

（3）保存文件并退出编辑器。

2. 更新病毒库

运行以下命令更新 ClamAV 病毒库：

```
sudo freshclam
```

如果运行命令报如下错误：

```
ERROR: /var/log/clamav/freshclam.log is locked by another process
ERROR: Problem with internal logger (UpdateLogFile = /var/log/clamav/freshclam.log).
ERROR: initialize：libfreshclam init failed.
ERROR: Initialization error!
```

出现这个错误是因为 freshclam 日志文件被另一个进程锁定，通常是由于 clamav-freshclam 服务正在运行。所以，确保所有 ClamAV 相关服务都已停止：

```
sudo systemctl stop clamav-freshclam
sudo systemctl stop clamav-daemon
```

3. 运行 ClamAV 对系统进行扫描

这里我们为了节省测试时间，直接扫描下载好的文件 eicar.com。

```
sudo clamscan /home/zzh/Downloads/eicar.com --bell -i
```

命令解释：

（1）/home/zzh/Downloads/eicar.com：这是指定要扫描的文件路径。在这个例子中，是 /home/zzh/Downloads 目录下的 eicar.com 文件。

（2）--bell：该选项在发现病毒时发出声音警报（如果系统支持）。

（3）-i 选项表示仅显示感染文件的信息。也就是说，扫描结果只会报告找到的感染文件，而不会显示所有已扫描文件的信息。

（四）恶意软件的分析和处理

1. 扫描结果

扫描结果如下所示：

```
/home/zzh/Downloads/eicar.com: Win.Test.EICAR_HDB-1 FOUND
----------- SCAN SUMMARY -----------
Known viruses: 8694616
Engine version: 1.0.6
Scanned directories: 0
Scanned files: 1
Infected files: 1
Data scanned: 0.00 MB
Data read: 0.00 MB (ratio 0.00:1)
Time: 25.800 sec (0 m 25 s)
Start Date: 2024:06:09 23:01:31
```

ClamAV 扫描报告显示你扫描了一个名为 eicar.com 的文件，并且发现了一个已知的测试病毒 Win.Test.EICAR_HDB-1。以下是详细解释：

（1）/home/zzh/Downloads/eicar.com：这是扫描的文件路径。

（2）Win.Test.EICAR_HDB-1 FOUND：ClamAV 检测到 eicar.com 文件中包含一个已知的测试病毒 Win.Test.EICAR_HDB-1。

（3）Known viruses：8694616：表示 ClamAV 数据库中已知的病毒数量。

（4）Engine version：1.0.6：表示 ClamAV 引擎的版本号。

（5）Scanned directories：0：表示扫描的目录数量为 0。

（6）Scanned files：1：表示扫描的文件数量为 1。

（7）Infected files：1：表示检测到的受感染文件数量为 1。

（8）Data scanned：0.00 MB：表示扫描的数据量。

（9）Data read：0.00 MB（ratio 0.00：1）：表示读取的数据量及其比率。

（10）Time：25.800 sec（0 m 25 s）：表示扫描耗时 25.8 秒。

（11）Start Date：2024：06：09 23：01：31：表示扫描开始的日期和时间。

（12）End Date：2024：06：09 23：01：57：表示扫描结束的日期和时间。

2. 恶意软件的处理

建议删除该文件：

```
rm /home/zzh/Downloads/eicar.com
```

3. 再次运行 ClamAV 扫描以确保系统清洁

```
sudo clamscan -r /home/zzh/Downloads --bell -i
```

运行结果如下：

```
----------- SCAN SUMMARY -----------
Known viruses: 8694616
Engine version: 1.0.6
Scanned directories: 1
Scanned files: 0
Infected files: 0
Data scanned: 0.00 MB
Data read: 0.00 MB (ratio 0.00:1)
Time: 25.614 sec (0 m 25 s)
Start Date: 2024:06:10 01:06:55
End Date:   2024:06:10 01:07:21
```

从扫描摘要中可以看出，未发现任何感染文件。

四、实训总结

通过本次实验，学生成功掌握了在 Kali Linux 上安装和使用 ClamAV 杀毒软件，包括更新镜像源、安装 ClamAV、更新病毒库以及进行病毒扫描。在解决 freshclam.log 被锁定的问题时，学生学会了如何停止相关服务、确认并终止相关进程以及手动删除锁文件。这些操作提高了学生对系统维护和安全防护的实际操作能力，增强了对计算机病毒（如蠕虫和木马）的识别和处理能力。本次实验不仅提升了学生的技术技能，还增强了他们在处理实际问题时的应变能力和解决问题的综合素质。

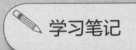

项目五　密码学基础

▶▶ 项目目标

◆ 知识目标

1.掌握密码学的基本概念、原理及其在信息安全中的作用。

2.理解对称加密算法的原理，熟悉常见的对称加密算法及其应用。

3.理解数字签名的概念、原理及其在数据完整性验证和身份认证中的应用。

4.了解公钥基础设施（PKI）的组成及其在构建安全通信环境中的作用。

5.熟悉 PGP 加密程序的基本功能和使用方法。

◆ 能力目标

1.能够运用对称加密算法对数据进行加密和解密操作，确保数据的机密性。

2.能够利用数字签名技术对数据进行完整性验证和身份认证。

3.能够理解并应用公钥基础设施（PKI）中的证书管理、密钥分发等机制。

4.能够独立使用 PGP 加密程序进行文件加密、解密和签名操作。

◆ 素养目标

1.培养学生的信息安全意识，使其在数据处理和传输过程中始终关注数据的机密性、完整性和可用性。

2.提升学生的实践操作能力，使其能够熟练运用密码学技术和工具解决实际问题。

▶▶ 项目描述

　　本项目旨在引导学生深入理解密码学的核心概念、原理及其在实际应用中的重要性。通过学习对称加密算法的原理及其应用，学生将掌握如何运用这些算法保护数据的机密性。同时，数字签名与公钥基础设施（PKI）的学习将使学生了解如何确保数据的完整性和身份验证的可靠性。实训任务将聚焦于PGP加密程序的应用，使学生能够在实践中掌握加密和解密的基本操作，加深对密码学知识的理解和应用。

任务一　密码学的基本概念与原理

数据加密技术是信息安全的基础，很多其他的信息安全技术（如防火墙技术和入侵检测技术等）都是基于数据加密技术而产生的。同时，数据加密技术也是保证信息安全的重要手段之一，不仅具有对信息进行加密的功能，还具有数字签名、身份认证、秘密分存、系统安全等功能。所以，使用数据加密技术不仅可以保证信息的机密性，还可以保证信息的完整性、不可否认性等。

密码学（cryptology）是一门研究密码技术的学科，主要内容包括密码编码学（cryptography）和密码分析学（cryptanalysis）。其中，密码编码学是研究如何对信息进行加密的科学，密码分析学则是研究如何破译密码的科学。两者研究的内容刚好是相对的，但却是互相联系、互相支持的。

一、密码学的相关概念

密码学的基础就是伪装信息，使未授权的人无法理解其含义。所谓伪装，就是对计算机中的信息进行一组可逆的数学变换过程，这个过程中包含以下四个相关的概念。

（1）加密（encryption，E）。加密是对计算机中的信息进行一组可逆的数学变换过程，用于加密的这一组数学变换称为加密算法。

（2）明文（plaintext，P）。明文是信息的原始形式，即加密前的原始信息。

（3）密文（ciphertext，C）。明文经过加密后就变成了密文。

（4）解密（decryption，D）。授权的接收者在接收到密文之后，进行与加密互逆的变换，即去掉密文的伪装，恢复明文的过程，称为解密。用于解密的这一组数学变换称为解密算法。

加密和解密是两个相反的数学变换过程，都是基于一定算法实现的。为了有效地控制这种数学变换，需要引入一组可以参与变换的参数。这种在变换的过程中通信双方都掌握的专门的参数称为密钥（Key）。加密过程是在加密密钥（记为 Ke）的参与下进行的，而解密过程是在解密密钥（记为 K_d）的参与下完成的。

数据加密和解密的模型如图 5-1-1 所示。

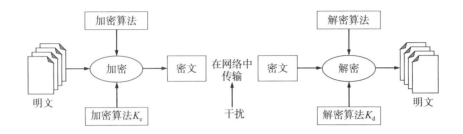

图5-1-1　数据加密和解密的模型

从图 5-1-1 中可以看到，将明文加密为密文的过程即

$$C=E(P, Ke)$$

将密文解密为明文的过程即

$$P=D(C, K_d)$$

二、密码学的产生和发展

戴维·卡恩在 1967 年出版的《破译者》（*Codebreakers*）一书中指出："人类使用密码的历史几乎与使用文字的历史一样长"。很多考古的发现也表明古人会用很多奇妙的方法对数据进行加密。

从整体来看，密码学的发展可以大致分成以下三个阶段，见表 5-1-1。

表5-1-1　密码学发展阶段

阶段	时间范围	主要特点	代表性技术
古典密码学阶段	1949年以前	复杂度低，安全性低，通过字符替换和换位技术加密	凯撒密码、替换密码、换位密码
现代密码学阶段	1949–1975年	形成科学基础，军用为主，加密数据安全性取决于密钥保密性	DES、香农信息理论
公钥密码学阶段	1976年至今	提出公钥概念，无需传输密钥，提高安全性	RSA、公钥加密算法、椭圆曲线加密

（一）古典密码学阶段

这一阶段被称为古典密码学阶段，是密码学成为科学的前夜。密码技术在这一时期复杂程度不高，安全性较低。主要通过字符替换和换位技术实现加密。

（1）替换密码技术：用一组密文字母代替明文字母。例如，"凯撒密码"将明文中的每个字母用字母表中其位置后的第3个字母代替，形成密文。

（2）换位密码技术：不替换明文中的字母，而是通过改变字母的排列次序来加密。

这两种加密技术的算法较为简单，保密性主要取决于算法本身的保密性。如果算法被破解，密文也容易被破解。在这个阶段，开始出现简单的密码分析手段。

（二）现代密码学阶段

1949 年，克劳德·香农发表的《保密系统的信息理论》为近代密码学建立了理论基础，使密码学成为一门科学。从 1949 年到 1967 年，密码学主要用于军事领域，个人缺乏专业知识和财力进行研究，因此这段时间相关文献很少。

1967 年，戴维·卡恩出版了《破译者》，全面记述了密码学历史，引起广泛关注。同一时期，霍斯特·菲斯特尔在 IBM Watson 实验室研究美国数据加密标准（data encryption standard，DES）。20 世纪 70 年代初期，IBM 发表了菲斯特尔及其同事的研究报告，最终在 1975 年，DES 被美国国家标准局宣布为国家标准，这是密码学历史上的里程碑事件。

在这个阶段，加密数据的安全性取决于密钥的保密性，而不是算法的保密性，这是与古典密码学阶段的重要区别。

（三）公钥密码学阶段

1976 年，惠特菲尔德·迪菲和马丁·赫尔曼在论文《密码学的新动向》中首次提出公钥密码学的概念，证明了无密钥传输的保密通信技术是可行的，开启了公钥密码学的新纪元。

1977 年，罗纳德·李维斯特、阿迪·萨莫尔和伦纳德·阿德曼提出了 RSA 公钥加密算法。20 世纪 90 年代，逐步出现了椭圆曲线等其他公钥加密算法。

相比于对称加密算法（如 DES），这一阶段的公钥加密算法无需在发送端和接收端之间传输密钥，从而进一步提高了加密数据的安全性。

三、密码学与信息安全的关系

信息安全基本要素包含信息的保密性、完整性、可用性、可控性和不可否认性，而数据加密技术正是信息安全基本要素中的一个非常重要的手段。可以说，没有密码学就没有信息安全，所以密码学是信息安全技术的基石和核心。这里以保密性、完整性和不可否认性为例简单地说明密码学是如何保证信息安全基本要素的。

（一）信息的保密性

保密性是指信息只能被授权用户访问和阅读，而任何非授权用户都无法理解信息的内容。密码学中的数据加密是实现信息保密性的关键手段。通过加密算法和密钥，可以将明文信息转换为密文，只有掌握相应密钥的授权用户才能解密并获取原始信息。这样，即使信息在传输或存储过程中被截获，非授权用户也无法解读其内容，从而保证了信息的保密性。

在实际应用中，对称加密算法（如 AES）和非对称加密算法（如 RSA）常被用于实现数据加密。对称加密算法使用相同的密钥进行加密和解密，适用于大量数据的加密处理。非对称加密算法则使用一对密钥（公钥和私钥），公钥用于加密信息，私钥用于解密信息，这种特性使得非对称加密算法在数字签名和密钥交换等领域广泛应用。

（二）信息的完整性

完整性是指数据在存储和传输过程中保持原样，不被未授权修改（如篡改、删除、插入和伪造等）。密码学中的数据加密和散列函数是实现信息完整性的重要手段。

数据加密可以确保数据在传输过程中的完整性。通过使用加密算法和密钥，可以检测数据在传输过程中是否被篡改。如果数据在传输过程中被修改，解密时将无法恢复出正确的原始信息，从而可以发现数据的完整性遭到破坏。

散列函数（如SHA-256）则用于生成数据的唯一指纹（哈希值）。原始数据的任何微小变动都会导致生成的哈希值发生显著变化。因此，通过比较数据的哈希值，可以判断数据是否在存储或传输过程中被篡改。这种机制使得未授权修改变得易于检测，从而保证了信息的完整性。

（三）信息的不可否认性

不可否认性是指无法否认先前的言论或行为。密码学中的数字签名和数字证书是实现信息不可否认性的关键工具。

数字签名是一种利用非对称加密算法实现身份验证和数据完整性验证的技术。发送方使用自己的私钥对信息进行签名，接收方使用发送方的公钥进行验证。由于私钥的唯一性和保密性，只有掌握私钥的发送方才能生成有效的签名，从而保证了信息的来源和完整性。如果发送方事后否认发送过该信息，接收方可以出示有效的数字签名作为证据，证明信息的来源和完整性。

数字证书则是由可信任的第三方机构（如证书颁发机构）颁发的电子文档，用于证明公钥的真实性和有效性。通过数字证书，可以确保公钥的合法性和可信度，从而增强了数字签名的可靠性和不可否认性。

任务二　对称加密算法及其应用

随着数据加密技术的发展，现代密码学主要有两种基于密钥的加密算法，分别是对称加密算法和公开密钥加密算法。

如果在一个密码体系中，加密密钥和解密密钥相同，则称之为对称加密算法。在这种算法中，加密和解密的具体算法是公开的，要求信息的发送者和接收者在安全通信之前商定一个密钥。因此，对称加密算法的安全性完全依赖于密钥的安全性，如果密钥丢失，就意味着任何人都能够对加密信息进行解密了。

根据其工作方式，对称加密算法可以分成两类：

（1）一类是一次只对明文中的一个位（有时是对 1 字节）进行运算的算法，称为序列加密算法；

（2）另一类是每次对明文中的一组位进行加密的算法称为分组加密算法。现代典型的分组加密算法的分组长度是 64 位。这个长度既方便使用，又足以防范分析破译。

对称加密算法的通信模型如图 5-2-1 所示。

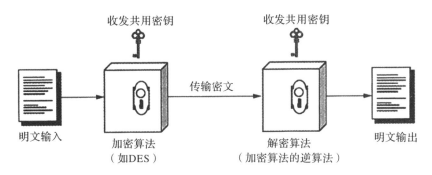

图5-2-1　对称加密算法的通信模型

一、DES 算法及其基本思想

DES（data encryption standard）算法将输入的明文分成 64 位的数据组块进行加密，密钥长度为 64 位，有效密钥长度为 56 位（其他 8 位用于奇偶校验），其加密过程大致分成三个步骤，分别为初始置换、16 轮迭代变换和逆置换，其加密过程如图 5-2-2 所示。

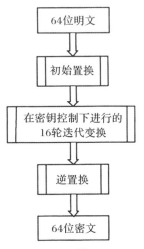

图5-2-2　DES算法加密过程

首先，将 64 位明文的数据经过一个初始置换（这里记为 IP 变换）后，分成左右各 32 位两部分，进入 16 轮的迭代变换过程。在每一轮的迭代变换过程中，先将输入数据右半部分的 32 位扩展为 48 位，再与由 64 位密钥所生成的 48 位的某一子密钥进行异或运算，得到的 48 位的结果通过 S 盒（substitution-box）压缩为 32 位，再将这 32 位数据经过置换后与输入数据左半部分的 32 位数据进行异或运算，得到新一轮迭代变换的右半部分。同时，将该轮迭代变换输入数据的右半部分作为这一轮迭代变换输出数据的左半部分。这样就完成了一轮的迭代变换。通过 16 轮这样的迭代变换后，产生一个新的 64 位的数据。注意，最后一次迭代变换后所得结果的左半部分和右半部分不再交换。这样做的目的是使加密和解密可以使用同一个算法。最后，将 64 位的数据进行一次逆置换（记为 IP^{-1}），就得到了 64 位的密文。

可见，DES 算法的核心是 16 轮的迭代变换过程，其迭代变换过程如图 5-2-3 所示。

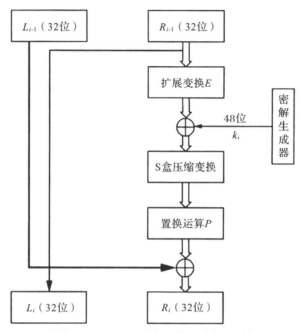

图5-2-3　DES算法的迭代变换过程

从图 5-2-3 中可以看出，对于每轮迭代变换，其左、右半部分的输出为

$$L_i = R_{i-1}$$

$$R_i = L_{i-1} \oplus f(R_{i-1}, k_i)$$

其中，i 表示迭代变换的轮次，$\oplus$ 表示按位异或运算，f 是指包括扩展变换 E、密钥产生、S 盒压缩、置换运算 P 等在内的加密运算。

这样，可以将整个 DES 加密过程用数学符号简单表示为

$$L_0 R_0 \leftarrow \text{IP}(<64\ \text{位明文}>)$$

$$L_i \leftarrow R_{(i-1)}$$

$$R_i \leftarrow L_{i-1} \oplus f(R_{i-1}, k_i)$$

$$<64\ \text{位明文}> \leftarrow \text{IP}^{-1}(R_{16} L_{16})$$

其中，$i=1, 2, 3, \cdots, 16$。

DES 的解密过程和加密过程完全类似，只是在 16 轮的迭代变换过程中所使用的子密钥刚好和加密过程相反，即第 1 轮时使用的子密钥采用加密时最后一轮（第 16 轮）的子密钥，第 2 轮时使用的子密钥采用加密时第 15 轮的子密钥……最后一轮（第 16 轮）时使用的子密

钥采用加密时第 1 轮的子密钥。

二、DES 算法的安全性分析

DES 算法的整个体系是公开的,其安全性完全取决于密钥的安全性。该算法中,由于经过了 16 轮的替换和换位的迭代运算,使密码的分析者无法通过密文获得该算法一般特性以外的更多信息。对于这种算法,破解的唯一可行途径是尝试所有可能的密钥。56 位的密钥共有 $2^{56}=7.2 \times 10^{16}$ 个可能值,不过这个密钥长度的 DES 算法现在已经不是一个安全的加密算法了。

1997 年,美国科罗拉多州的程序员 Verser 在互联网上几万名志愿者的协助下用了 96 天的时间找到了密钥长度为 40 位和 48 位的 DES 密钥。

1999 年,电子边境基金会通过互联网上十万台计算机的合作,仅用 22 小时 15 分钟就破解了密钥长度为 56 位的 DES 算法。

现在已经能花费十万美元左右制造一台破译 DES 算法的特殊计算机了,因此 DES 算法已经不适用于要求"强壮"加密的场合。

为了提高 DES 算法的安全性,可以采用加长密钥的方法,如三重 DES(triple-DES)算法现在商用 DES 算法一般采用 128 位的密钥。

三、其他常用的对称加密算法

随着计算机软硬件水平的提高,DES 算法的安全性受到了一定的挑战。为了进一步提高对称加密算法的安全性,在 DES 算法的基础上发展了其他对称加密算法,如三重 DES 算法、国际数据加密算法(international data encryption algorithm,IDEA)、高级加密标准(advanced encryption standard,AES)、RC6 等算法。

(一)三重 DES 算法

三重 DES 算法是在 DES 算法的基础上为了提高算法的安全性而发展起来的,其采用 2 个或 3 个密钥对明文进行 3 次加解密运算,其加密过程如图 5-2-4 所示。

从图 5-2-4 中可以看到,三重 DES 算法的有效密钥长度从 DES 算法的 56 位变成 112 位(图 5-2-4a 所示的情况,采用 2 个密钥)或 168 位(图 5-2-4b 所示的情况,采用 3 个密钥),因此安全性也相应得到了提高。

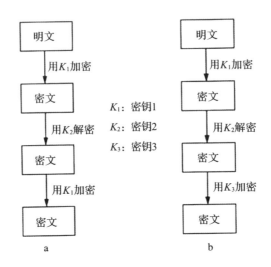

图5-2-4　三重DES算法的加密过程

（二）IDEA

IDEA 是上海交通大学的教授来学嘉与瑞士学者詹姆斯·梅西联合提出的。它在 1990 年被正式公布，并在之后得到了增强。

和 DES 算法一样，IDEA 也是对 64 位大小的数据块进行加密的分组加密算法，输入的明文为 64 位，生成的密文也为 64 位。它使用了 128 位的密钥和 8 个循环，能够有效地提高算法的安全性，且其本身显示了尤其能抵抗差分分析攻击的能力。就现在看来，IDEA 被认为是一种非常安全的对称加密算法，在多种商业产品中被使用。

目前，IDEA 已由瑞士的 Ascom 公司注册专利，以商业目的使用 IDEA 必须向该公司申请专利许可。

（三）AES 算法

AES（advanced encryption standard）是美国国家标准与技术研究院（national institute of standards and technology，NIST）旨在取代 DES 的 21 世纪的加密标准。1998 年，NIST 开始进行 AES 的分析、测试和征集，最终在 2000 年 10 月，美国正式宣布选中比利时密码学家琼·戴门和文森特·雷姆提出的一种密码算法 Rijndael 作为 AES 算法，并于 2001 年 11 月出版了最终标准 FIPS PUB197。

AES 算法采用对称分组密码体制，密钥长度可为 128 位、192 位和 256 位，分组长度为 128 位，在安全强度上比 DES 算法有了很大提高。

（四）RC6 算法

RC6 算法是 RSA 公司提交给美国国家标准与技术研究院的一个作为 AES 的候选高级加密标准算法，它是在 RC5 基础上设计的，更好地符合 AES 的要求，且提高了安全性，增强了性能。

RC5 算法和 RC6 算法都是分组密码算法，它们的字长、迭代次数、密钥长度都可以根据具体情况灵活设置，运算简单高效，非常适用于软硬件实现。在 RC5 的基础上，RC6 将分组长度扩展成 128 位，使用 4 个 32 位寄存器而不是 2 个 64 位寄存器；其秉承了 RC5 设计简单、广泛使用数据相关的循环移位思想；同时增强了抵抗攻击的能力，是一种安全、架构完整且简单的分组加密算法。RC6 算法可以抵抗所有已知的攻击，能够提供 AES 所要求的安全性，是近年来比较优秀的一种加密算法。其他常见的对称加密算法还有 CAST 算法、Twofish 算法等。

任务三　数字签名与公钥基础设施

数字签名技术作为信息安全的核心手段之一，已广泛应用于电子商务、政府事务和其他重要领域。它通过利用公钥加密技术，为网络通信提供身份认证、数据完整性保障及不可否认性。随着互联网的迅速发展，数字签名在确保网络通信安全方面发挥着至关重要的作用，特别是在防止数据篡改和身份伪造方面更是不可或缺。为了更深入地理解数字签名的运作原理和应用，我们需要先对其基本概念和实现方式进行详细的探讨。

一、数字签名

数字签名可用于数据完整性检查，并提供拥有私码凭据。它的目的是认证网络通信双方身份的真实性，防止相互欺骗或抵赖。网络通信双方之间可能存在的问题是，用户 A 要发送一条信息给用户 B，既要防止用户 B 或第三方伪造，又要防止用户 A 事后因对自己不利而否认。在实际应用中，这两种情况都牵涉到法律问题。例如，在网上进行资金转账，接收者的账户将接收转账过来的资金，但接收者却否认收到发送方转过来的资金；股票经纪人代理委托人执行了某项交易的命令，结果这项交易是亏本的，发送者于是否认发送过的交易指令，以逃避责任。数字签名技术可以很好地解决这类问题。

数字签名必须满足如下 3 个条件。

● 收方条件：接收者能够核实和确认发送者对消息的签名。

● 发方条件：发送者事后不能否认和抵赖对消息的签名。

● 公证条件：公证方能确认收方的信息，做出仲裁，但不能伪造这一过程。

目前，已有多种实现各种数字签名的方法。这些方法可分为两类：直接数字签名和有仲裁的数字签名。

直接数字签名只涉及通信双方。假设消息接收者已经或者可以获得消息发送者的公钥。发送者用其私钥对整个消息或者消息散列码进行加密来形成数字签名。通过对整个消息和签名进行再加密来实现消息和签名的机密性。可采用接收方的公钥，也可采用双方共享的密钥（对称加密）来进行加密。首先执行签名函数，然后再执行外部的加密函数。出现争端时，某个第三方查看消息及签名。如果签名是通过密文计算得出的，第三方也需要解密密钥才能阅读到原始的消息明文。如果签名作为内部操作，接收方可存储明文和签名，以备以后解决争端时使用。

目前的直接签名方案存在一个共同的缺点：其有效性依赖于发送方私钥的安全性。如果发送方声称其私钥被盗用，从而伪造了签名，便可以否认曾发送过某个消息。尽管可以对私钥进行管理和控制，但这可能会妨碍或降低方案的使用效率。

而有仲裁的数字签名可以解决直接数字签名中容易产生的发送者否认发送过某个消息的问题。数字仲裁方案也有许多种，但一般都按以下方式进行：设定 A 想对数字消息签名，送达给 B，C 为一个 A、B 共同承认的可信赖仲裁者，仲裁过程为：

第 1 步：A 将准备发送给 B 的签名消息首先传送给 C。

第 2 步：C 对 A 传送过来的消息以及签名进行检验。

第 3 步：C 对经检验的消息标注日期，并附上一个已经过仲裁证实的说明。

二、公钥基础设施

公钥基础设施（PKI）是目前网络安全建设的基础与核心，是电子商务、政务系统安全实施的基本保障。对 PKI 技术的研究和开发成为目前信息安全领域的热点。所有提供公钥加密和数字签名服务的系统，都可称为 PKI 系统。

PKI 作为一组在分布式计算机系统中利用公钥技术和 X.509 证书所提供的安全服务，企业或组织可利用相关产品建立安全域，并在其中发布密钥和证书。在安全域内，PKI 管理加密和证书的发布，并提供诸如密钥管理（包括密钥更新、密钥恢复和密钥委托等）、证书管理（包括证书产生和撤销等）、策略管理等。PKI 系统也允许一个组织通过证书级别或直接交易认证等方式来同其他安全域建立信任关系。这些服务和信任关系不能局限于独立的网络之内，而应建立在网络之间和 Internet 之上，为电子商务和网络通畅提供安全保障，所以具有互操作性的结构化和标准化技术成为 PKI 的核心。PKI 在实际应用中是一套软硬件系统和安全策略的集合，它提供了一整套安全机制，使用户在不知道对方身份或分布地很广的情况下，以证书为基础，通过一系列的信任关系进行通信和电子商务交易。

一个典型的 PKI 系统包括 PKI 策略、软硬件系统、证书机构（CA）、注册机构（RA）证书发布系统、PKI 应用等，如图 5-3-1 所示。

PKI 安全策略建立和定义了一个组织信息安全方面的指导方针，同时也定义了密码系统使用的处理方法和原则。它包括一个组织怎样处理密钥和有价值的信息，根据风险级别定义安全控制级别。一般情况下，在 PKI 中有如下两种类型的策略。

（1）证书策略：用于管理证书的使用。例如，可以确认某一 CA 是选择在互联网上的公有 CA，还是选择在某一企业内部的私有 CA。

（2）证书运作声明 CPS：由商业证书发放机构（CCA）或者可信的第三方操作的 PKI 系统需要 CPS。这是一个包含如何在实践中增强和支持安全策略的一些操作过程的详细文档。

它包括 CA 是如何建立和运作的, 证书是如何发行、接收和废除的, 密钥是如何产生、注册的, 以及密钥是如何存储的, 用户是如何得到它的等。

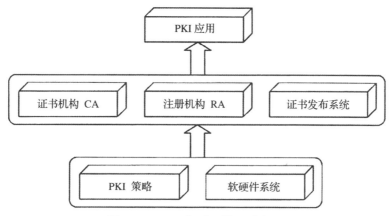

图5-3-1 PKI典型系统组成视图

CA 是 PKI 的信任基础, 它管理公钥的整个生命周期, 其作用包括发放证书, 规定证书的有效期和通过发布证书废除列表(CRL), 确保必要时可以废除证书。

RA 提供用户和 CA 之间的一个接口, 它获取并认证用户的身份, 向 CA 提出证书请求。它主要完成收集用户信息和确认用户身份的功能。这里的用户是指将要向 CA 申请数字证书的客户, 可以是个人, 也可以是团体、政府机构等。注册管理一般由一个独立的注册机构 RA 来承担。它接受用户的注册申请, 审查用户的申请资格并决定是否同意 CA 给其签发数字证书。注册机构并不给用户签发证书, 而只是对用户进行资格审查。因此, RA 可以设置在直接面对客户的业务部门, 如银行的营业部、机构认证部门等。当然, 对于一个规模较小的 PKI 应用系统来说, 可把注册管理的职能交给认证中心 CA 来完成, 而不设立独立运行的 RA。但这不是取消了 PKI 的注册功能, 而只是将其作为 CA 的一项功能而已。PKI 国际标准推荐由一个独立的 RA 来完成注册管理的任务, 可以增强应用系统的安全。

证书发布系统负责证书的发放, 如可以通过用户自己, 或是通过目录服务, 它可以是一个组织中现存的, 也可以是 PKI 方案提供的。PKI 的应用非常广泛, 包括 Web 服务器和浏览器之间的通信、电子邮件、电子数据交换(EDI)、在 Internet 上的信用卡交易、虚拟私有网(VPN)等。

一个简单的 PKI 系统包括 CA、RA 和相应的 PKI 存储库。CA 用于签发并管理证书; RA 可作为 CA 的一部分, 也可以独立, 其功能包括个人身份审核、CRL 管理、密钥产生和对密钥备份等; PKI 存储库包括 LDAP 目录服务器和普通数据库, 用于对用户申请、证书、密钥、CRL、日志等信息进行存储和管理, 并提供一定的查询功能。

实 训 OpenSSL 实现 AES 对称加密应用

在信息安全领域，对称加密作为一种基础的加密技术，广泛应用于数据保护和通信安全。它通过使用相同的密钥进行加密和解密，确保传输过程中的数据不被非法窃取或篡改。AES（高级加密标准）是当前应用最广泛的对称加密算法之一，以其高效性和安全性获得了广泛认可。OpenSSL（open secure sockets layer，简称 OpenSSL，即开放式安全套接层协议）是一个强大的加密工具包，提供了丰富的加密算法支持，能够实现 AES 对称加密的生成、加密、解密等功能。本实训将引导学生通过实际操作，掌握如何使用 OpenSSL 工具来生成对称密钥并加密、解密文件，从而更好地理解和应用对称加密技术。

一、实训目标

（1）掌握使用 OpenSSL 生成对称密钥、加密和解密文件的基本操作，理解对称加密的原理。

（2）了解对称加密和解密的基本流程，掌握使用 OpenSSL 进行对称加密和解密的方法。

（3）提高学生对数据保密性和完整性保护的意识，通过实际操作理解对称加密的重要性。

（4）增强实际动手能力，通过模拟真实场景，培养解决信息安全问题的综合运用水平。

二、背景知识

对称加密是一种加密算法，其中加密和解密使用同一个密钥。AES 是一种常用的对称加密算法。

OpenSSL 是一个开源的、实现了 SSL 和 TLS 协议的库，也包含了各种加密算法的实现。OpenSSL 常用命令参数有：

（1）openssl rand –base64 32：生成一个随机的对称密钥，长度为 32 字节（256 位），并以 Base64 编码格式输出。

（2）openssl enc 命令用于执行加密或解密操作。使用 –aes–256–cbc 参数指定采用 AES–256–CBC 加密算法，而 –salt 参数则启用"盐值"机制，以增强加密安全性。通过 –in 指定输入文件，–out 指定输出文件。–pass file：./key.bin 用于从指定的文件（如 key.bin）中读取加密/解密所需的密钥。如果需要进行解密操作，则使用 –d 参数。

三、实训环境

一台安装有 Kali Linux 测试系统的计算机。

四、实训步骤

在本实训中，我们将通过实际操作来学习如何使用 OpenSSL 工具进行对称加密和解密。对称加密的关键在于加密和解密使用相同的密钥，而 AES 作为一种常见的对称加密算法，能够有效地保护数据的机密性和完整性。通过 OpenSSL 工具的强大功能，我们将生成一个随机密钥、加密一个文件，并使用相同的密钥解密该文件，从而深入理解对称加密的实际应用过程。以下是详细的实训步骤。

（一）生成对称密钥

使用 OpenSSL 生成一个随机的对称密钥：

```
openssl rand -base64 32 > key.bin
```

解释：

（1）openssl rand –base64 32：生成一个 32 字节（256 位）的随机密钥并以 Base64 编码格式输出。

（2）> key.bin：将生成的密钥保存到 key.bin 文件中。

可以使用 cat 命令查看 key.bin 文件的内容。

```
cat key.bin
```

输出示例：

```
3Gx9aJ/9u2Z8Rj4ShVj5Wl5z9lDQGJ9lHyFHZFvAOVI=
```

（二）创建待加密的文件

创建一个名为 plaintext.txt 的文件，内容如下：

```
echo "This is a secret message that needs to be encrypted." > plaintext.txt
```

解释：

（1）echo "This is a secret message that needs to be encrypted."：输出字符串。

（2）> plaintext.txt：将字符串保存到 plaintext.txt 文件中。

检查 plaintext.txt 文件内容：

```
cat plaintext.txt
```

输出示例：

```
This is a secret message that needs to be encrypted.
```

（三）创建加密文件

使用生成的对称密钥加密文件：

```
openssl enc -aes-256-cbc -salt -in plaintext.txt -out encrypted.bin -pass file：./key.bin
```

参数解释：

（1）openssl enc：使用 OpenSSL 的加密功能。

（2）–aes–256–cbc：指定使用 AES–256–CBC 加密算法。

（3）–salt：使用盐值来增强安全性。

（4）–in plaintext.txt：指定输入文件 plaintext.txt。

（5）–out encrypted.bin：指定输出文件 encrypted.bin。

（6）–pass file：./key.bin：从文件 key.bin 中读取密钥。

检查 encrypted.bin 文件内容（以十六进制格式查看）：

```
xxd encrypted.bin
```

输出示例（部分）：

```
00000000：5361 6c74 6564 5f5f d5c6 5ab3 d154 5e15        Salted__..Z..T^.
00000010：e34f f44b e194 f14d 7d61 b057 7579 7092        .O.K...M}a.Wuyp.
00000020：15d7 28a5 f6b7 7b07 7a67 5b5f 5fd4 4449        ..(...{.zg[__..DI
```

（四）解密文件

使用相同的对称密钥解密文件：

```
openssl enc -d -aes-256-cbc -in encrypted.bin -out decrypted.txt -pass file：./key.bin
```

参数解释：

（1）–d：表示解密操作。

（2）其他参数与加密时相同。

检查 decrypted.txt 文件内容：

```
cat decrypted.txt
```

输出示例：

```
This is a secret message that needs to be encrypted.
```

五、实训注意事项

（1）妥善保管密钥：密钥文件（key.bin）必须妥善保管，确保只有授权人员可以访问。丢失或泄露密钥可能导致数据被非法访问。

（2）避免暴露密钥：在脚本或命令行中使用密钥时，避免直接暴露密钥内容。例如，不要在命令行中直接写入密钥，可以使用文件读取的方式。

（3）备份原始文件：在进行加密操作之前，务必备份原始文件（plaintext.txt），以防止意外操作导致数据丢失。

六、实训总结

通过上述步骤，学生将掌握使用 OpenSSL 生成对称密钥、加密和解密文件的基本操作，理解对称加密的原理和流程。这不仅增强了学生对数据保密性和完整性保护的意识，还提高了他们解决信息安全问题的综合运用能力。

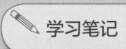

学习笔记

项目六　SQL 数据库安全

▶▶ 项目目标

◆ 知识目标

1.掌握 SQL 数据库的基本概念、结构和工作原理，了解数据库管理系统的作用和功能。

2.熟悉 SQL 语言的基本语法和常用命令，能够使用 SQL 语言进行数据的查询、插入、更新和删除操作。

3.掌握 SQL 注入攻击的原理，了解 SQL 注入攻击的危害和防范策略。

◆ 能力目标

1.能够独立配置和管理 SQL Server 数据库的安全设置，确保数据库的安全性和可用性。

2.能够识别并防范 SQL 注入攻击，掌握使用参数化查询、输入验证等方法防止 SQL 注入攻击的技巧。

3.能够在实践中运用所学知识，分析和解决数据库安全问题，提升数据库安全防护能力。

◆ 素养目标

1.培养学生的数据库安全意识，使其在使用和管理数据库时能够注重数据的安全性和保密性。

2.提升学生的实践操作能力，使其能够熟练使用数据库管理工具进行数据库的安全配置和管理。

▶▶ 项目描述

　　本项目旨在使学生掌握 SQL 数据库的基本概念、安全特性及防护策略，特别关注 SQL 注入攻击及其防范方法。通过理论学习和实战演练，学生将深入了解 SQL Server 的安全配置、SQL 注入原理，并学会在实际应用中有效防范 SQL 注入攻击。项目完成后，学生将具备扎实的数据库安全知识和技能，为构建安全的数据库应用环境提供有力保障。

任务一 认识 SQL 数据库

在数字化时代，数据库在各行各业中扮演着至关重要的角色，特别是在电子商务、金融、政府和企业信息管理等领域。随着数据量的激增和应用需求的多样化，如何高效、安全地存储、管理和查询数据，已成为现代企业和组织面临的核心问题。SQL（structured query language，结构化查询语言）作为关系数据库管理系统的标准语言，广泛应用于数据存储和操作中，是数据库技术的基础工具之一。本任务将带领我们深入了解 SQL 数据库的基本概念、发展历程及其在现代数据管理中的应用。通过掌握 SQL 数据库的基础知识，能够为后续的数据库设计、管理和优化工作奠定坚实的基础。

一、数据库系统概述

数据库是电子商务、金融，以及 ERP 系统的基础，通常保存重要的商业伙伴和客户信息。大多数企业、组织及政府部门的电子数据都保存在各种数据库中，这些数据库保存一些个人信息，如员工薪水、个人资料等。数据库还掌握着敏感的金融数据，包括交易记录、商业事务和账号数据等；战略上的或者专业的信息，如专利和工程数据；甚至市场计划等应该保护起来防止竞争者和其他非法者获取的资料等。

数据完整性和合法存取会受到很多方面的安全威胁，包括密码策略、系统后门、数据库操作，以及本身的安全方案缺陷，但是数据库通常没有像操作系统和网络那样在安全性上受到重视。

二、SQL 服务器的发展

1970 年 6 月，E.F. Codd 博士发表了《大型共享数据库的数据关系模型》论文，提出了关系模型。

1979 年 6 月 12 日，Oracle 公司（当时名为 Relational Software）发布了第一个商用 SQL 关系数据库。

1987 年，Microsoft、Sybase 和 Ashton-Tate 三家公司共同开发了 Sybase SQL Server。1988 年，Microsoft、Sybase 和 Ashton-Tate 三家公司将该产品移植到了 OS/2 上。

后来，Ashton-Tate 公司退出了该产品的开发，而 Microsoft 公司和 Sybase 公司签署了一项共同开发协议。这两家公司共同开发了适用于 Windows NT 操作系统的 SQL Server，并于1993 年将其移植到 Windows NT 3.1 平台上，发布了微软 SQL Server 4.2 版本。在 SQL Server

4.2 版本发布后，Microsoft 公司和 Sybase 公司结束了合作关系，各自开发自己的 SQL Server。Microsoft 公司专注于 Windows NT 平台上的 SQL Server 开发，而 Sybase 公司则致力于 UNIX 平台上的 SQL Server 开发。

SQL Server 6.0 版是第一个完全由 Microsoft 公司开发的版本。1996 年，Microsoft 公司推出了 SQL Server 6.5 版本，接着在 1998 年发布了 SQL Server 7.0 版，该版本在数据存储和数据库引擎方面发生了根本性的变化。

经过两年的努力开发，Microsoft 公司于 2000 年 9 月发布了 SQL Server 2000，其中包括企业版、标准版、开发版和个人版四个版本。从 SQL Server 7.0 到 SQL Server 2000 的变化是渐进的，没有像从 6.5 到 7.0 那样大的变化，只是在 SQL Server 7.0 的基础上进行了增强。

2005 年，Microsoft 公司又发布了 SQL Server 2005 产品，包括企业版、标准版、工作组版和精简版四个版本。

三、数据库技术的基本概念

在数据库技术应用中，经常用到的基本概念有数据（data）、数据库（database，DB）、数据库管理系统（DBMS）、数据库系统（database system，DBS）、数据库技术，以及数据模型。

（一）数据

数据是描述事物的符号，它们无处不在，形式多种多样。无论是数字、文字、图表、图像还是声音，都是数据的具体表现形式。数据是人类认识世界、交流信息的基础，它们记录了事物的状态、属性和变化，提供了丰富的信息和知识。

（二）数据库

数据库是数据的存放地，它在计算机中占据着一个重要的位置。数据库是一个长期存储在计算机内、经过组织、统一管理的数据集合，这些数据之间具有相关性。数据库不仅包含数据本身，还包含对数据的管理和访问方式。所谓数据库对象是指表（table）、视图（view）、存储过程（stored procedure）、触发器（trigger）等，它们都是数据库的重要组成部分，共同协作，实现对数据的高效管理和访问。

数据库的主要特点是数据共享、冗余度小、数据间联系紧密且具有较高的数据独立性。这意味着多个用户可以同时访问数据库中的数据，而不需要为每个用户复制一份数据；同时，数据库通过优化数据存储和访问方式，减少了数据的冗余，提高了数据的一致性；此外，数据库还能够维护数据间的关联关系，确保数据的完整性和准确性；最后，数据库还具有较高的数据独立性，使得数据的逻辑结构和物理结构可以独立变化，而不影响应用程序的访问。

（三）数据库管理系统

数据库管理系统是位于用户与操作系统之间的软件，它负责管理和控制数据库的访问和操作。DBMS 提供了建立、查询、更新和控制数据库的方法，使得用户或应用程序能够方便地访问和操作数据库中的数据。

DBMS 的主要功能包括定义和操纵数据、维护数据的安全性和完整性、进行多用户下的并发控制和恢复数据库等。它为用户提供了友好的界面和强大的功能，使得用户可以轻松地管理数据库中的数据，而无需关心底层的数据存储和访问细节。

（四）数据库系统

数据库系统是一个实现有组织、动态地存储大量关联数据，方便多用户访问的计算机软硬件和数据资源的系统。它采用数据库技术来管理和处理数据，为用户提供高效、可靠的数据服务。

从狭义上讲，数据库系统由数据库、数据库管理系统和用户构成。数据库是数据的存放地，DBMS 负责管理和控制数据库的访问和操作，而用户则是数据库系统的使用者。从广义上讲，数据库系统还包括计算机硬件、操作系统、应用程序、维护人员等组成部分。这些部分共同协作，形成一个完整的数据库系统，为用户提供全面的数据服务。

（五）数据库技术

数据库技术是一门研究数据库的结构、存储、设计、管理和使用的软件学科。它涵盖了数据库系统的各个方面，包括数据库的设计、优化、维护和管理等。数据库技术的目标是提高数据处理的效率和质量，为用户提供更好的数据服务。

（六）数据模型

在数据库技术中，用模型的概念描述数据库的结构与语义，对现实世界进行抽象。

数据模型是能表示实体类型及实体间联系的模型。数据模型的种类很多，目前被广泛使用的可分为两种类型：

一种是独立于计算机系统的数据模型，完全不涉及信息在计算机中的表示，只是用来描述某个特定组织所关心的信息结构，这类模型称为"概念数据模型"。概念数据模型是按用户的观点对数据进行建模，强调其语义表达能力，概念应该简单、清晰、易于用户理解，它是对现实世界的第一层抽象，是用户和数据库设计人员之间进行交流的工具。这一类模型中最著名的是"实体联系模型"。

另一种数据模型是直接面向数据库的逻辑结构，它是对现实世界的第二层抽象。这类模型直接与数据库管理系统有关，称为"逻辑数据模型"，一般又称为"结构数据模型"，如层次、网状、关系、面向对象等模型。这类模型有严格的形式化定义，以便于在计算机系统中实现。它通常有一组严格定义的无二义性语法和语义的数据库语言，人们可以用这种语言来定义、操纵数据库中的数据。

结构数据模型应包含数据结构、数据操作和数据完整性约束三个部分：

（1）数据结构是指对实体类型和实体间联系的表达和实现。

（2）数据操作是指对数据库的检索和更新（包括插入、删除和修改）两类操作。

（3）数据完整性约束给出数据及其联系应具有的制约和依赖规则。

四、SQL 安全原理

在研究 SQL Server 攻击和防守前，应该熟悉基本的 SQL Server 安全原理。一旦认识到哪个安全基础结构被广泛使用，就会更好地理解每个攻击或防守技术。SQL Server 支持三级安全层次这种三层次的安全结构与 Windows 安全结构相似，因此 Windows 安全知识也适用于 SQL Server。

（一）第一级安全层次

服务器登录是 SQL Server 认证体系的第一道关，用户必须登录到 SQL Server，或者已经成功登录了一个映射到 SQL Server 的系统账号。

1. 服务器验证模式

SQL Server 有两种服务器验证模式：Windows 安全模式和混合模式。

（1）Windows 安全模式：将 Windows 用户登录映射到 SQL Server 登录上。只有合法的 Windows 用户才能连接到 SQL Server。

（2）混合模式：除了 Windows 用户外，还可以使用 SQL Server 账号和密码进行验证。允许非 Windows 用户访问 SQL Server，但也增加了潜在的安全风险。

2. 内置的服务器角色

为方便服务器管理，每个 SQL Server 有多个内置的服务器角色，允许系统管理员给可信实体授予一些功能，而不必使他们成为完全的管理员。一些常见的服务器角色包括：

（1）sysadmin：拥有服务器上所有权限的超级管理员。

（2）erveradmin：负责管理服务器配置的管理员。

（3）securityadmin：负责管理安全性的管理员，可以添加和删除登录、分配权限等。

（4）dbcreator：可以创建、更改或删除数据库的管理员。

（5）bulkadmin：可以运行 BULK INSERT 命令的管理员。

（二）第二级安全层次

在 SQL Server 上登录成功并不意味着用户已经可以访问 SQL Server 上的数据库。用户还需要数据库用户来连接数据库。数据库用户是实际被数据库授予权限的实体。

当数据库所有者（db_owner，dbo）创建了新的存储过程时，他将为数据库用户或角色的存储过程分配执行权限，而不是登录权限。

数据库用户从概念上与操作系统用户是完全无关的，但在实际使用中将它们对应起来可能会更方便，但不是必需的。

（三）第三级安全层次

它允许用户拥有对指定数据库中一个对象的访问权限，由数据库角色来定义。用户定义的角色可以更加方便地为用户创建的对象、固定的角色和合适的应用角色分配权限。

1. 用户定义的角色

用户定义的角色与 Windows 认证中的组有点相似。每个用户可以是一个或多个用户定义的数据角色中的成员，可以直接应用于如表单或存储过程等系统对象。强烈建议把权限分配给角色而不是用户，因为这将极大地方便分配权限，从而避免错误产生。

2. 固定数据库角色

固定数据库角色允许数据库所有者（dbo）赋予一些用户授权能力，方便管理、抑制一些用户过多的权限。强烈推荐管理员和数据库所有者经常检查这些组的成员资格，确保不存在用户被给予不应得的权限。固定数据库角色及主要功能和权限如表 6-1-2 所示。

表6-1-2　固定数据库角色及主要功能和权限

固定数据库角色	主要功能和权限
db_owner	可以执行所有数据库角色的活动
db_accessadmin	可以增加或删除Windows组、用户和数据库中的SQLServer用户
db_datareader	可以阅读数据库中所有用户表的数据
db_datawriter	可以写或删除数据库中所有用户表的数据
db_ddladmin	可以增加、修改或放弃数据库的对象
db_securityadmin	可以管理角色和数据库角色的成员，管理数据库的参数和对象权限
db_backupoperator	可以备份数据库
db_denydatareader	不能数据库的数据
db_denydatawriter	不能改变数据库的数据

3. 应用程序角色

应用程序角色是专门为应用程序设计的，用于在用户访问 SQL Server 时提供更高的权限，而不必单独授予用户权限。这是因为如果直接授予用户访问 SQL Server 表的权限，无法控制用户连接 SQL Server 的方式，从而阻止他们以意外的方式访问数据。

为了解决这个问题，可以创建一个应用程序角色，并在执行需要提高权限的功能时，将应用程序切换到该角色。然后，确保通过应用程序时，用户只能执行期望的功能。

创建和使用应用程序角色

通过使用 sp_addapprole 存储过程，首先创建数据库角色，然后执行如下命令以使用应用角色：

```
exec sp_setapprole 'app_role_name', 'strong_password'
```

接着，应用程序可以使用以下命令切换安全环境到应用角色：

```
EXEC sp_setapprole 'app_role_name', 'strong_password', 'odbc';
```

注意事项：

（1）应用角色的使用应该谨慎，最好仅在小型应用程序中作为最后的手段。

（2）应用程序需要嵌入永久密码，这可能会导致安全隐患，因为用户可能会扫描这些密码。

（3）有更好的替代方法，如创建不需要数据访问的存储过程，以允许用户执行需要的功能。

任务二　SQL Sever 攻击的防护

Microsoft 公司的 SQL Server 是一种广泛使用的数据库，很多电子商务网站、企业内部信息化平台等都是基于 SQL Server 的，但是数据库的安全性还没有和系统的安全性等同起来，多数管理员认为只要把网络和操作系统的安全做好了，那么所有的应用程序也就安全了。大多数系统管理员对数据库不熟悉，而数据库管理员又对安全问题关心太少，而且一些安全公司也忽略数据库安全，这就使数据库的安全问题更加严峻了。

数据库系统中存在的安全漏洞和不当的配置通常会造成严重的后果，而且都难以发现。数据库应用程序通常同操作系统的最高管理员密切相关。广泛的 SQL Server 数据库又是属于"端口"型的数据库，这就表示任何人都能够用分析工具试图连接到数据库上，从而绕过操作系统的安全机制，进而闯入系统破坏和窃取数据资料，甚至破坏整个系统。

这里主要介绍有关 SQL Server 数据库的安全配置，以及一些相关的安全和使用上的问题。

一、信息资源的收集

在讨论如何防御攻击者之前，必须先了解攻击者如何查找和渗透 SQL Server 或基于 SQL Server 的应用程序。攻击者可能因为多种原因选择潜在的目标，包括报复、利益或恶意。永远不要假设自己的服务器"飞"得太低，以至于不能显示在别人的雷达屏幕上。许多攻击者只是因为高兴而扫描随机 IP 范围内的网络，因此如果自己的 IP 或内部网络被这些人骚扰了，就要做好最坏的打算。

SQL Server 被发现的渠道，可以通过网络，也可以通过企业内部。无论攻击者是将某些 IP 范围作为目标，还是随机扫描，他们发现 SQL Server 所使用的工具都是一样的。

当 Microsoft 公司在 SQL Server 中引入多实例能力时，出现了一个问题：既然端口（除了默认的实例，它默认监听端口为 1433）是动态分配的，那么如何知道请求实例的用户如何连接到合适的 TCP 端口？ Microsoft 公司通过在 UDP 端口 1434 上创建一个监听器来解决这个问题，这个监听器被称为 SQL Server Browser 服务。该服务负责发送包含连接信息的响应包给发送特定请求的客户端。这个响应包包含允许客户端连接到请求实例的所有信息，包括每个实例的 TCP 端口、其他支持的 netlib、实例名称以及服务器是否为集群等信息。

二、获取账号及密码

假定 SQL Server 的搜索是成功的，那么现在攻击者已经收集到 IP 地址、实例名称以及 TCP 端口，接下来就是获取一些安全环境的信息。攻击者可以收集关于服务器的详细信息，如版本信息、数据库、表单以及其他相关信息。这些信息将帮助攻击者决定目标是 SQL Server 数据库本身还是操作系统。

一般来说，入侵者可以通过以下几个手段来获取账号或密码：

（1）社会工程学：通过欺诈手段或人际关系获取密码。

（2）弱口令扫描：该方法是最简单的方法，入侵者通过扫描大量主机，从中找出一两个存在弱口令的主机。

（3）探测包：进行密码监听，可以通过 Sniffer（嗅探器）监听网络中的数据包，从而获得密码，这种方法对付明文密码特别有效，如果获取的数据包是加密的，还要涉及解密算法。

（4）暴力破解 SQL 口令：密码的终结者，获取密码只是时间问题，如本地暴力破解、远程暴力破解。

（5）其他方法：如在入侵后安装木马或安装键盘记录程序等。

三、设置安全的 SQL Server

在进行 SQL Server 数据库的安全配置之前，需要完成三个基本的安全配置。

第一，对操作系统进行安全配置，保证操作系统处于安全的状态。

第二，对要使用的数据库软件（程序）进行必要的安全审核，如 ASP、PHP 等脚本，这是很多基于数据库的 Web 应用常出现的安全隐患，对于脚本的审核主要是过滤问题，需要过滤一些类似于","""";"@""/"等的字符，防止破坏者构造恶意的 SQL 语句进行注入。

第三，安装 SQL Server 后，要打上最新的补丁。

在做完上述三步基本的配置之后，下面讨论 SQL Server 的安全配置。

1. 使用安全的密码策略和账号策略

健壮的密码是安全的第一步。很多数据库账号的密码过于简单，这与系统密码过于简单是一个道理，容易被入侵者获取，并以此入侵数据库。对于 sa 账号更应该注意，同时不要让 sa 账号的密码写于应用程序或者脚本中。SQL Server 安装的时候，如果使用的是混合模式那么就需要输入 sa 账号的密码，除非确认必须使用空密码。同时应养成定期修改密码的好习惯。数据库管理员应该定期查看是否有不符合密码复制性要求的账号。例如，使用下面的 SQL 语句：

```
Use master
Select name, Password from syslogins where password is null
```

由于 SQL Server 不能更改 sa 账户名称，也不能删除这个超级用户，所以必须对这个账号进行最强的保护。当然，包括使用一个非常强壮的密码，最好不要在数据库应用中使用 sa 账号，只有当没有其他方法登录到 SQL Server 实例（例如，当其他系统管理员不可用或忘记了密码）时才使用 sa 账号。建议数据库管理员新建立一个拥有与 sa 账号一样权限的超级用户来管理数据库。安全的账号策略还包括不要设置过多的管理员权限的账号。

SQL Server 的认证模式有 Windows 身份认证和混合身份认证两种。如果数据库管理员不希望操作系统管理员通过操作系统登录来接触数据库，可以在账号管理中把系统账号"BUILTIN\Administrators"删除。不过这样做的结果是一旦 sa 账号忘记密码的话，就没有办法恢复了。

很多主机使用数据库应用只是用来做查询、修改等简单功能的，请根据实际需要分配账号，并赋予仅仅能够满足应用要求和需要的权限。例如，只要查询功能的，那么就使用一个简单的 public 账号，能够执行 select 就可以了。

2. 激活审核数据库事件日志

审核数据库登录事件的"失败和成功"，在实例属性中选择"安全性"，将其中的审核级别选定为全部，这样在数据库系统和操作系统安全性日志里面，就详细记录了所有账号的登录事件。

应定期查看 SQL Server 日志，检查是否有可疑的登录事件发生，或者使用如下的 DOS 命令：

```
findstr /c: "登录" d: \Microsoft SQL Server\MSSQL\LOG\*.*
```

3. 清除危险的扩展存储过程

对存储过程进行大规模修改时，必须谨慎管理调用扩展存储过程的账号权限。实际上，在多数应用中，根本用不到多少系统的存储过程。而 SQL Server 提供的众多系统存储过程只是为了适应广大用户的需求，因此可以删除不必要的存储过程，因为有些系统存储过程容易被人利用来提升权限或进行破坏。

xp_cmdshell 是进入操作系统的最佳捷径，是数据库留给操作系统的一个大后门，也是危险性最高的存储过程。它可以执行操作系统的任何指令。如果不需要扩展存储过程 xp_cmdshell，最好使用下面的 SQL 语句将其去掉：

```
USE master;
EXEC sp_dropextendedproc 'xp_cmdshell';
```

如果日后需要这个存储过程，可以使用下面的 SQL 语句将其恢复：

```
EXEC sp_addextendedproc 'xp_cmdshell', 'xpsql70.dll';
```

同理，可以去掉其他不需要的存储过程，例如 OLE 自动存储过程，这些过程会影响管理器中的某些特征，包括：Sp_OACreate、Sp_OADestroy、Sp_OAGetErrorInfo、Sp_OAGetProperty、Sp_OASetProperty、Sp_OAMethod 和 Sp_OAStop。

另外，注册表访问的存储过程甚至能够读取操作系统管理员的密码，这些过程包括：Xp_regdeletekey、Xp_regdeletevalue、Xp_regenumvalues、Xp_regwrite、Xp_regread、Xp_regaddmultistring 和 Xp_regremovemultistring。

还有一些其他的扩展存储过程，也最好检查一下。在处理存储过程时，应确认避免对数据库或应用程序造成伤害。

4. 在与工作相关的存储过程上设置严格的权限

SQL Server 代理服务允许创建将在未来执行的工作或基于重建的工作。然而，遗憾的是，默认情况下，即使是最低权限的用户也拥有这个能力。恶意用户可以创建一个过程，持续提交无限量的工作，并在任意时间执行，这可能带来严重的拒绝服务风险，并暴露明显的权限过度问题。因此，建议删除 public 角色的 execute 权限，以防低权限用户发布工作。以下过程位于 MSDB 数据库中，应在安装后立即采取措施确保安全：sp_add_job、sp_add_jobstep、sp_add_jobserver 和 Sp_start_job。

5. 使用协议加密

SQL Server 使用 Tabular Data Stream 协议进行网络数据交换，如果不加密，所有的网络传输都是明文的，包括密码、数据库内容等，这是一个很大的安全威胁，能被人在网络中截获到其需要的东西，包括数据库账号和密码。所以，在条件允许的情况下，最好使用 SSL 来加密协议，当然，这需要一个证书来支持。

6. 拒绝来自 1434 端口的探测

默认情况下，SQL Server 使用 1433 端口监听，很多人都认为在 SQL Server 配置时要改变这个端口，这样别人就不能很容易地知道使用的是什么端口了。可惜，通过 Microsoft 公司未公开的 1434 端口的 UDP 探测可以很容易地探测到一些数据库信息，如 SQL Server 使用的是什么 TCP/IP 端口，而且还可能遭到 DOS 攻击，让数据库服务器的 CPU 负荷增大。在实例属性中选择 TCP/IP 的属性，选择隐藏 SQL Server 实例。如果隐藏了 SQL Server 实例，则将禁止对试图枚举网络上现有的 SQL Server 实例的客户端所发出的广播做出响应。这样，别人就不能用 1434 来探测自己的 TCP/IP 端口了（除非使用 Port Scan）。此外，还可以使用 IPSec 过滤拒绝掉 1434 端口的 UDP 通信，尽可能地隐藏 SQL Server。

7. 更改默认的 TCP/IP 端口 1433

在上一步配置的基础上，应更改原默认的 1433 端口。在实例属性中选择网络配置中的 TCP/IP 的属性，将 TCP/IP 使用的默认端口变为其他端口。

8. 对网络连接进行 IP 限制

SQL Server 数据库系统本身没有提供网络连接的安全解决办法，但是 Windows 提供了这样的安全机制。使用操作系统自己的 IPSec 可以实现 IP 数据包的安全性。对 IP 连接进行限制，只保证自己的 IP 能够访问，拒绝其他 IP 进行的端口连接，对来自网络上的安全威胁进行有效的控制。

任务三　SQL 注入攻击

在当今的网络安全环境中，SQL 注入攻击作为最常见且危害性极大的网络攻击之一，长期以来对企业和用户的数据安全构成了严重威胁。随着网络应用程序的日益复杂，SQL 注入攻击的方式和手段也日趋多样化，不仅能窃取敏感数据、篡改数据库内容，甚至可能让攻击者完全控制系统。在此背景下，理解 SQL 注入的工作原理及其危害性，成为每个开发者和系统管理员必须掌握的关键知识。为了有效防范 SQL 注入攻击，开发人员必须时刻保持警惕，采取一系列预防措施，确保应用程序的安全性。接下来，我们将深入探讨 SQL 注入的概念、产生原因、常见类型及其防范策略，帮助开发者识别并抵御这一类攻击。

一、SQL 注入概述

SQL 注入是一种攻击技术，它利用了 Web 应用程序对用户输入数据的合法性判断或过滤不严的漏洞。攻击者可以在 Web 应用程序中事先定义好的查询语句的结尾上添加额外的 SQL 语句，从而在管理员不知情的情况下实现非法操作。通过这种方式，攻击者可以欺骗数据库服务器执行非授权的任意查询，从而获取相应的数据信息。

SQL 注入的原理主要包括以下几点：

1. 用户输入的数据未经过正确的验证和转义

当应用程序接收到用户的输入时，如果没有对其进行正确的过滤、验证和转义处理，就有可能直接将用户输入的内容拼接到 SQL 查询语句中，从而导致注入攻击。

2. 恶意的 SQL 代码注入

攻击者会在用户输入中注入 SQL 代码片段，以达到修改原有查询逻辑或获取未授权的数据的目的。例如，攻击者可能会通过注入语句的方式绕过登录验证，继而访问或修改数据库中的敏感数据。

3.SQL 查询的拼接错误

由于用户输入未经过滤和转义，而直接与查询语句拼接在一起，往往容易导致 SQL 查询语句的语法错误。攻击者可以通过注入特殊字符或关键字，使查询语句的结构被破坏，进而执行非预期的操作。

4. 错误信息的泄露

当应用程序发生 SQL 注入错误时，它往往会返回一些有关错误的详细信息，这些信息可能包含敏感数据或数据库结构等重要信息，为攻击者提供了有价值的线索。

SQL 注入攻击主要分为错误消息注入、Union 注入、时间注入和布尔盲注入等方式。防御 SQL 注入攻击的方法包括对用户输入进行验证和过滤、使用参数化查询以及实施最小权限原则等。

为了防范 SQL 注入攻击，开发人员应当对用户输入进行严格的验证和过滤，避免直接将用户输入拼接到 SQL 查询语句中。同时，使用参数化查询是一种有效的防御手段，通过将用户输入作为参数传递给预定义的 SQL 语句，可以防止攻击者修改 SQL 查询的结构。此外，数据库用户应被授予最小的权限，以减少攻击者可能造成的损害。

二、SQL 注入产生的原因

随着 Web 应用程序的不断发展，数据交互和用户输入在系统中扮演着越来越重要的角色。然而，正是这些用户输入的内容，若未经过充分的验证与处理，成为潜在的安全隐患。SQL 注入攻击的发生往往源于开发过程中对用户输入的忽视或疏漏，尤其是在构建 SQL 查询语句时，没有对输入进行充分的安全过滤。这些问题一旦暴露，攻击者就可以通过精心构造恶意输入，改变程序的正常逻辑，实施各种攻击。因此，了解 SQL 注入攻击产生的根本原因，能够帮助开发人员识别潜在的风险点，并采取有效的预防措施。接下来，我们将详细分析 SQL 注入的产生原因及其背后存在的安全漏洞。

1. 不充分的输入验证和过滤

当应用程序接收用户输入时，如果没有对其进行充分的验证和过滤，就可能直接将用户输入的内容拼接到 SQL 查询语句中。攻击者可以利用这一点，通过在输入中注入恶意的 SQL 代码，来修改查询逻辑或获取未授权的数据。典型的例子包括未对用户输入的特殊字符进行过滤，或者未验证输入的数据类型和长度等。

2. 动态 SQL 拼接

一些应用程序采用动态构建 SQL 查询语句的方式，将用户输入直接拼接到查询中。这种做法可能会导致 SQL 注入攻击，因为攻击者可以利用特殊构造的输入来改变原始查询的结构，从而执行恶意操作。相比之下，使用参数化查询可以将用户输入作为参数传递，而不是直接拼接到 SQL 语句中，可以有效防止 SQL 注入攻击。

3. 缺乏对数据库权限的限制

如果数据库用户具有过高的权限，例如具有对所有表和数据的读写权限，一旦发生 SQL 注入攻击，攻击者可能轻松获取敏感信息或对数据库进行破坏。因此，数据库用户应该被授予最小的权限，以限制攻击者可能造成的损害。

4. 错误的错误处理

当应用程序发生 SQL 注入错误时，如果错误处理不当，可能会返回包含敏感信息或数据库结构等重要信息的错误消息。这些信息可能为攻击者提供了有价值的线索，帮助他们更深入地了解应用程序的结构和漏洞，从而实施更严重的攻击。因此，应用程序在处理 SQL 注入错误时应该谨慎处理，并尽量避免向用户泄露过多的信息。

5. 过时的软件和组件

使用过时的数据库管理系统或第三方组件可能存在已知的 SQL 注入漏洞，如果没有及时更新到最新的安全补丁或版本，就容易受到攻击。因此，开发人员应该密切关注相关软件和组件的安全更新，并及时进行升级和修补，以减少潜在的安全风险。

SQL 注入攻击的原因多种多样，但归根结底都与应用程序对用户输入数据的不安全处理有关。为了有效防范 SQL 注入攻击，开发人员需要采取一系列的安全措施，包括对用户输入进行严格的验证和过滤、使用参数化查询、实施最小权限原则等。

三、SQL 注入的特点及危害

SQL 注入攻击是一种常见且危险的网络安全漏洞，通常发生在应用程序与数据库之间的交互过程中。攻击者通过在用户输入的字段中注入恶意的 SQL 语句，使得应用程序执行非预期的数据库操作，从而达到未授权访问、数据泄露、篡改或破坏的目的。SQL 注入不仅仅局限于获取敏感数据，还可能让攻击者完全控制数据库，甚至控制整个服务器系统，造成严重的财务损失和品牌信誉危机。随着 Web 应用程序在各行各业的广泛应用，SQL 注入攻击也日益成为最常见且破坏性最强的攻击手段之一。

鉴于 SQL 注入对企业和用户信息安全的重大威胁，了解其特点与危害显得尤为重要。攻击者往往利用 SQL 注入的隐蔽性与快速性，轻松突破防护系统并实施攻击。接下来，我们将详细探讨 SQL 注入的主要特点与可能造成的危害，帮助更好地理解这一漏洞的威胁并采取有效的防范措施。

（一）SQL 注入的特点

1. 隐蔽性强

利用 Web 漏洞发起对 Web 应用的攻击纷繁复杂，包括 SQL 注入、跨站脚本攻击等，它们的一个共同特点是隐蔽性强，不易发觉，因为一方面普通网络防火墙是对 HTTP/HTTPS 协议全开放的；另一方面，对 Web 应用攻击的变化非常多，传统的基于特征检测的 IDS 对此类攻击几乎没有作用。

2. 攻击时间短

可在短短几秒到几分钟内完成一次数据窃取或一次木马种植，完成对整个数据库或Web服务器的控制，以至于非常难做出人为反应。

3. 危害性大

目前几乎所有银行、证券、电信、移动、政府，以及电子商务企业都提供在线交易、查询和交互服务。用户的机密信息包括账户、个人私密信息（如身份证）、交易信息等，都是通过Web存储于后台数据库中。这样，在线服务器一旦瘫痪，或虽在正常运行，但后台数据已被篡改或者窃取，都将造成企业或个人巨大的损失。据权威部门统计，目前身份失窃（identity theft）已成为全球最严重的问题之一。政府网站被攻击和篡改造成恶劣的社会影响甚至被外来势力所利用，这已经在危害着社会的稳定。

（二）SQL 注入攻击的危害

SQL注入攻击的危害主要包含数据泄露、数据篡改、拒绝服务攻击等方面。

1. 数据泄露

攻击者可以利用SQL注入漏洞获取数据库中的敏感信息，例如用户凭据、信用卡信息、个人身份信息等。这些信息可能被用于身份盗窃、欺诈活动或其他恶意用途。

2. 数据篡改

攻击者可以通过SQL注入修改数据库中的数据，包括删除、修改或添加记录。这可能导致数据的损坏、不一致性，甚至影响整个系统的稳定性和可用性。

3. 拒绝服务（DoS）攻击

攻击者可以利用SQL注入漏洞执行恶意查询，消耗数据库服务器的资源，导致数据库性能下降甚至完全停止响应，从而造成拒绝服务攻击。

4. 未经授权的访问

攻击者可以通过SQL注入绕过身份验证，获取对应用程序或数据库的未经授权访问权限。这可能导致攻击者获取敏感信息、执行恶意操作或者进一步攻击其他系统。

5. 隐私泄露

攻击者可以利用SQL注入漏洞获取用户的隐私信息，例如个人通信录、聊天记录等，从而侵犯用户的隐私权。

6. 声誉损害

数据泄露、数据篡改或拒绝服务攻击可能会导致企业或组织的声誉受损，降低用户对其信任度，甚至造成财务损失。

7. 法律责任

如果因为SQL注入攻击导致用户数据泄露或者隐私被侵犯，企业或组织可能面临法律责任。

四、SQL 注入类型

SQL 注入是最常见的网络安全漏洞之一，通常发生在应用程序未对用户输入进行严格的验证和处理时。攻击者通过构造特定的恶意输入，利用程序漏洞将恶意 SQL 语句嵌入到数据库查询中，进而控制数据库或泄露敏感信息。为了有效防止 SQL 注入攻击，开发人员需要了解不同类型的 SQL 注入，并采取相应的安全措施。下面我们将介绍几种常见的 SQL 注入类型，以及它们的形成机制和防范方法。

（一）不正确的处理类型

如果用户提供的字段不是强类型的，或者没有实施类型强制，就可能发生 SQL 注入攻击。当在 SQL 语句中使用数字字段时，如果程序员没有检查用户输入的合法性（是否为数字），就会发生这种攻击。例如：

```
statement : = "SELECT * FROM data WHERE id = " + a_variable + "; "
```

从这个语句可以看出，作者希望 a_variable 是一个与"id"字段相关的数字。不过，如果终端用户输入一个字符串，就可以绕过对转义字符的需求。例如，将 a_variable 设置为 1; DROP TABLE users，这会将 users 表从数据库中删除，使得 SQL 语句变成：

```
SELECT * FROM data WHERE id = 1; DROP TABLE users;
```

这段代码会导致数据库执行两条语句：第一条是选择数据，第二条是删除 users 表。这种攻击可以通过使用参数化查询和预备语句来防止。

（二）数据库服务器中的漏洞

有时，数据库服务器软件中也存在漏洞。例如，在 MySQL 服务器中，mysql_real_escape_string（）函数可能存在漏洞，这个漏洞允许攻击者通过错误的统一字符编码执行 SQL 注入攻击。当数据库字符集设置为 GBK 时，这种漏洞就有可能被绕过。

（三）盲目 SQL 注入式攻击

当一个 Web 应用程序易于遭受攻击，但其结果对攻击者不可见时，就会发生所谓的盲目 SQL 注入攻击。有漏洞的网页可能并不会直接显示数据，而是根据注入合法 SQL 语句中的逻辑条件的结果显示不同的内容。这种攻击相当耗时，因为攻击者必须为每一个获得的字节精心构造新的语句。然而，一旦漏洞的位置和目标信息的位置被确立，一种称为 Absinthe 的工具可以使这种攻击自动化。

（四）条件响应

有一种 SQL 注入迫使数据库在一个普通的应用程序屏幕上计算一个逻辑语句的值。例如：

```
SELECT booktitle FROM booklist WHERE bookId ='OOk14cd' AND 1=1;
```

这会导致一个正常的结果，而以下语句：

```
SELECT booktitle FROM booklist WHERE bookId ='OOk14cd' AND 1=2;
```

则不会返回任何结果。当页面易于受到 SQL 注入攻击时，这种注入可能会给出不同的结果。通过这种方式，攻击者可以证明盲目 SQL 注入是可能的。攻击者可以设计基于另一个表中某字段内容的语句，以评判真伪。

这种盲目 SQL 注入攻击通过改变逻辑条件的真假来推断数据库中的信息。

（五）条件性差错

如果 WHERE 语句为真，这种类型的盲目 SQL 注入会迫使数据库评估一个引起错误的语句，从而导致 SQL 错误。例如：

```
SELECT 1/0 FROM users WHERE username='Ralph';
```

显然，如果用户 Ralph 存在的话，被零除将导致错误。通过这种方式，攻击者可以通过观察是否发生错误来推断条件是否为真，从而获取有关数据库的信息。这种方法利用了 SQL 注入来引发错误，以确定数据库中某些信息的存在。

（六）时间延误

时间延误是一种盲目的 SQL 注入，根据所注入的逻辑，它可以导致 SQL 引擎执行一个长队列或者是一个时间延误语句。攻击者可以衡量页面加载的时间，从而决定所注入的语句是否为真。

五、SQL 注入防范

（一）SQL 注册的类型

SQL 注入有验证性程序的 SQL 注入和查询性程序的 SQL 注入两大类型。

1. 验证性程序的 SQL 注入

对于验证性的程序（如用户登录），攻击者可以通过构造恒为 True 的 SQL 语句，实现非法登录。例如，通过输入 'OR' 1'='1，使得验证条件总为真，从而绕过身份验证。

2. 查询性程序的 SQL 注入

对于查询性的程序（如文章显示），攻击者可以在参数后方添加额外的 SQL 脚本，使一条 SQL 语句变成多条语句，从而实现指定的非法操作。例如，通过在查询参数后添加"；DROP TABLE users；"，可以删除数据库中的表。

检测系统和防火墙难以检测和防御 SQL 注入的攻击，所以 SQL 注入对信息安全的危害非常大。尽管 SQL 注入的危害性很大，但防范起来却非常简单。

（二）SQL 注入的防范

在实施 SQL 注入时，攻击者会输入单引号、空格、百分号等特殊符号，也可能会输入 UNION、SELECT、CREATE 等 SQL 语言的关键字。因此，可以在程序中利用 replace 函数过滤掉这些关键字和特殊符号。PHP 也提供了一些系统函数，可以帮助过滤特殊字符。

但是，这些过滤方法毕竟属于黑名单过滤，安全性较差。新版本的 PHP 中，推荐使用 PDO（PHP data objects）技术来防范 SQL 注入。PDO 是 PHP 为了轻量化访问数据库而定义的一个接口。利用这个接口，不管使用哪种数据库，都可以用相同的函数（方法）来查询和获取数据。

在防范 SQL 注入攻击时，应尽可能按照下面的原则。

（1）在设计应用程序时，完全使用参数化查询（parameterized query）来设计数据访问功能。

（2）在组合 SQL 字符串时，针对所传入的参数作字符取代（将单引号字符取代为连续 2 个单引号字符）。

（3）如果使用 PHP 开发网页程序的话，可以打开 PHP 的魔术引号（magic quote）功能（自动将所有的网页传入参数，将单引号字符取代为连续 2 个单引号字符）。

（4）使用其他更安全的方式连接 SQL 数据库。例如，已修正过 SQL 注入问题的数据库连接组件，如 ASP.NET 的 SQLDataSource 对象或是 LINQ to SQL。

（5）使用 SQL 防注入系统。

实　训　SQL 注入实战

在当今的网络安全环境中，SQL 注入（SQL Injection）依然是最常见和最危险的攻击手段之一。SQL 注入利用了 Web 应用程序对用户输入的过滤不严格，允许攻击者在 Web 表单、URL 参数或 Cookie 等输入点注入恶意的 SQL 代码。通过 SQL 注入攻击，攻击者能够绕过应用程序的身份验证并窃取敏感信息，甚至在某些情况下，操控整个数据库或系统。

本次实训旨在通过一个模拟环境，帮助学生深入理解 SQL 注入的原理及其实际攻击过程，同时掌握如何通过防御措施避免此类漏洞的发生。在理论学习的基础上，实训将通过具体的操作步骤，演示如何识别和利用 SQL 注入漏洞，并探讨如何有效地加固系统以防范此类攻击。通过本实训的学习，学生将能够对 Web 应用的安全性有更深刻的认识，并能够采取实际的措施来保护自己和他人的数据安全。

一、实训目的

通过学习 SQL 注入原理、步骤和过程，掌握 SQL 注入的防范措施。

二、实训原理

SQL 注入是针对 Web 应用程序的主流攻击技术之一，2007 年、2010 年和 2013 年在 OWASP 组织公布的 Web 应用漏洞 Top10 中一直都排在第一位，SQL 注入通过利用 Web 应用程序的输入验证不完善漏洞，使得 Web 应用程序执行由攻击者所注入的恶意指令和代码，从而造成了数据库信息泄露、攻击者对系统未授权访问等危害极高的后果。

SQL 注入是由于 Web 应用程序对用户输入的信息没有正确的过滤以消除 SQL 语言中的字符串转义字符，如 '、"、-、;、、%、# 等，或者没有对输入信息进行严格的类型判断，从而使得用户可以输入并执行一些非预期的 SQL 指令。

三、实训步骤

下面以 testfire.net（testfire.net 是 IBM 公司为了演示其著名的 Web 应用安全扫描产品 AppScan 的强大功能所建立的一个测试网站，是一个包含很多典型 Web 漏洞的模拟银行网站）网站为例，测试其用户登录页面。

（1）打开 testfre.net 网站，如图 6-4-1 所示。

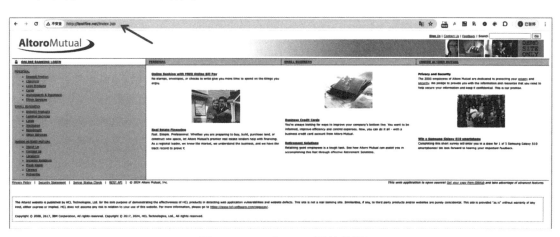

图6-4-1　testfre.net 网站首页

（2）打开登录页面，点击"Sign in"按钮，如图 6-4-2 所示。

图6-4-2　登录界面

（3）初步测试在登录页面的用户名字段中输入单引号（'），密码字段输入"1234"，然后提交表单，如图 6-4-3 所示。

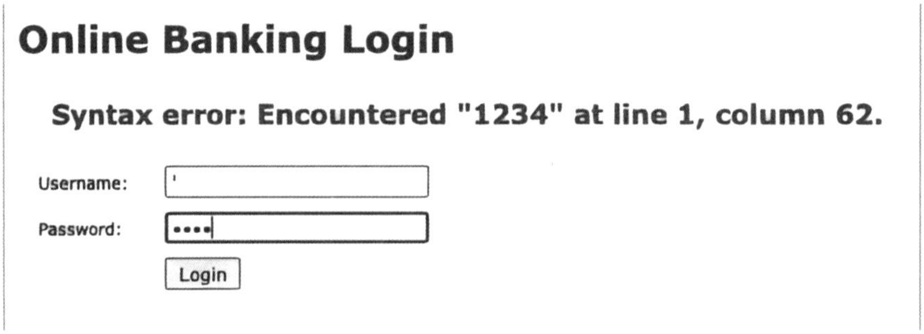

Online Banking Login

Syntax error: Encountered "1234" at line 1, column 62.

Username: '
Password: ••••
Login

图6-4-3　测试SQL漏洞界面

错误信息表明在 SQL 查询中第 1 行第 62 列遇到了不正确的语法，具体是遇到了"1234"这个字符。这通常意味着你的 SQL 查询中存在语法错误，导致解析器无法正确理解查询。这表明可能存在 SQL 注入漏洞。

（4）构造 SQL 注入语句，在用户名字段中输入以下内容：

```
admin ' OR '1'='1
```

在密码字段输入任意内容，例如 password，然后提交表单。

```
password
```

可能生成的 SQL 查询如下：

```
SELECT * FROM users WHERE username = 'admin' OR '1'='1' AND password = 'password';
```

由于 '1'='1' 总为真，整个 WHERE 子句变为真，从而绕过了验证。登录效果如图 6-4-4 所示。

图6-4-4　登录成功界面

我们输入任意密码都能成功登录的根本原因是网站没有对用户的输入进行最基本的过滤处理，根据 SQL 注入测试，得出网站进行用户验证时使用的 SQL 语句：

```
select * from users where username = ?   and password = ?
```

这种 SQL 验证语句是没有经过任何处理的、极度危险的，因此可以通过构造特殊的表单值使得该查询的条件表达式结果永远为真。

四、注意事项

（1）在进行 SQL 注入攻击时，必须遵守法律法规和道德准则，不得对未经授权的系统进行攻击。

（2）在实训过程中，注意保护个人隐私和敏感信息，避免泄漏。

（3）实训结束后，及时清理实验环境，避免留下安全隐患。

五、实训总结

SQL 注入攻击利用了应用程序对用户输入处理不当的漏洞，通过构造巧妙的输入可以对数据库进行未授权的操作。通过了解常见的 SQL 注入类型和攻击方法，并采取适当的防御措施，可以有效防止 SQL 注入攻击，保护数据安全。

学习笔记

项目七 综合实训

▶▶ **项目目标**

◆ **知识目标**

1. 掌握操作系统安全评估与检测的基本流程和方法，能够识别并理解操作系统中常见的安全漏洞和威胁。

2. 理解数据加密与鉴别的基本原理和常用算法，熟悉数据在传输和存储过程中的安全保护方法。

3. 了解数字证书与加密认证在网络安全中的作用，掌握公钥基础设施（PKI）的基本组成和运作机制。

◆ **能力目标**

1. 能够独立进行操作系统的安全评估与检测，发现并修复潜在的安全隐患，提升系统的安全防护能力。

2. 能够根据实际需求，选择合适的加密算法和鉴别机制，对数据进行有效的加密和鉴别，确保数据的机密性和完整性。

3. 能够配置和管理网络防火墙，制定并实施有效的安全策略，防范外部网络攻击，保护网络的安全稳定。

◆ **素养目标**

1. 培养学生的实践操作能力，使其能够熟练运用网络安全工具和技术，解决实际网络安全问题。

2. 增强学生的网络安全意识和职业道德素养，使其在工作中能够遵守法律法规，保护用户隐私和数据安全，维护网络空间的秩序和稳定。

▶▶ 项目描述

　　本项目旨在将之前所学的各项网络信息安全知识和技术进行综合应用。通过完成五个实训任务——操作系统安全评估与检测、数据加密与鉴别、数字证书与加密认证、访问控制与网络防火墙、数据库系统安全，学生将能够在实际操作中综合运用所学的安全知识和技能，提升解决实际网络安全问题的能力。

综合实训一　防火墙技术及应用

为了有效保障网络安全，防火墙技术作为网络安全防护的第一道屏障，在现代企业中扮演着至关重要的角色。随着网络攻击手段日益复杂，如何配置和管理防火墙成为网络管理员和安全人员必备的技能。防火墙不仅能有效防止未经授权的访问，还能监控和控制进出网络的流量，从而保护企业的内部资源和数据。在本次综合实训中，我们将通过 iptables 防火墙的配置，模拟如何在实际工作中应用防火墙规则来保护企业网络安全。通过设置合适的规则，学生将学习如何控制网络流量，防止潜在的威胁，并确保合法流量能够顺利通过防火墙。接下来，我们将详细介绍本次综合实训的业务场景和任务要求。

一、业务场景

在保护企业网络安全方面，配置防火墙是至关重要的一环。ABC 公司作为一家中小型企业，意识到内部服务器的重要性，并决定采用 iptables 防火墙来控制网络流量，以确保其网络的安全性。在这个业务场景下，学生将扮演关键的角色，通过配置 iptables 防火墙规则，并在单台计算机上进行模拟和测试，以模拟真实环境中的防火墙配置和流量控制。这项任务不仅提供了学生实践操作的机会，还帮助他们理解和掌握网络安全的基本概念和技能。接下来，我们将实践如何为 ABC 公司的网络安全提供可靠的保护。

二、环境准备

需要安装 iptables 并使用 Kali Linux 作为防火墙。

三、实训要求

1. 目标
控制进出网络的流量，确保只有合法的流量能够通过防火墙。

2. 任务
（1）创建规则以允许内部网络访问互联网（例如，允许 HTTP、HTTPS、DNS 流量）。

（2）禁止未授权的外部流量访问内部网络。

（3）允许内部网络中的设备相互通信。

四、相关知识

iptables 是一个用于 Linux 操作系统的网络包过滤工具，可以实现防火墙、网络地址转换（NAT）、端口转发等功能。它通过管理规则集来控制数据包的流向和处理方式。首先，我们来了解表、链、规则等基本概念。

1. 表（tables）

iptables 使用表来组织规则，常见的表包括：

（1）filter 表：用于过滤数据包，实现基本的防火墙功能；

（2）nat 表：用于网络地址转换，实现端口映射、源地址转换等功能；

（3）mangle 表：用于修改数据包的头部信息；

（4）raw 表：用于配置规则，以在数据包处理过程的早期阶段执行。

2. 链（chains）

每个表包含一组预定义的链，用于确定数据包的处理流程，常见链包括：

（1）INPUT：处理进入系统的数据包；

（2）OUTPUT：处理从系统发出的数据包；

（3）FORWARD：处理通过系统进行转发的数据包。

3. 规则（rules）

规则是定义在链中的，用于决定数据包的处理方式。每条规则包含一组匹配条件和一个动作，匹配条件可以基于源地址、目标地址、协议、端口等。常见动作包括 ACCEPT（接受）、DROP（丢弃）、REJECT（拒绝）等。

命令结构：

> iptables [-t 表] 命令 [参数][匹配条件][动作]

常用的命令及参数解释：

（1）-t, --table < 表名 >：指定操作的表，默认为 filter 表；

（2）-A, --append < 链名 >：将规则添加到指定链的末尾；

（3）-D, --delete < 链名 >：从指定链中删除规则；

（4）-I, --insert < 链名 >：在指定链中插入规则；

（5）-F, --flush：清空指定链中的所有规则；

（6）-P, --policy < 链名 >：设置指定链的默认策略；

（7）-s, --source < 源地址 >：指定源地址进行匹配；

（8）-d, --destination < 目标地址 >：指定目标地址进行匹配；

（9）-p, --protocol < 协议 >：指定协议类型进行匹配，如 TCP、UDP、ICMP 等；

（10）-j, --jump < 动作 >：指定匹配成功后执行的动作，如 ACCEPT、DROP、REJECT 等。

五、实训步骤

在进行防火墙配置时，首先需要对 iptables 的基本概念和命令有所了解，确保能够正确设置和应用防火墙规则。在实际操作中，防火墙规则的配置不仅要考虑安全性，还需要保证网络的正常运行。因此，在进行 iptables 防火墙设置时，我们将按照一定的步骤逐步实施，首先清除默认规则，设定合适的策略和规则，并确保已建立的连接能够正常流量通过。通过这些步骤，学生将能够逐步掌握如何控制网络流量、限制非法访问以及保持网络的正常通信。接下来，我们将介绍如何一步步设置防火墙规则。

（一）设置基本防火墙规则

1. 清除所有默认规则

```
sudo iptables -F
sudo iptables -X
sudo iptables -t nat -F
sudo iptables -t nat -X
```

2. 设置默认策略为丢弃所有传入和转发的流量

```
sudo iptables -P INPUT DROP
sudo iptables -P FORWARD DROP
sudo iptables -P OUTPUT ACCEPT
```

3. 允许环回接口（lo）上的所有流量

```
sudo iptables -A INPUT -i lo -j ACCEPT
```

注意

环回接口是用来让本机与自己通信的，例如，运行在同一台计算机上的应用程序之间的通信。如果不允许环回接口的流量，许多本地服务和应用程序可能无法正常运行。因此，添加这条规则以确保本地回环流量能够顺利通过是非常重要的。

4. 允许已建立的连接和相关的流量

```
sudo iptables -A INPUT -m conntrack --ctstate ESTABLISHED,RELATED -j ACCEPT
```

> **注意**
>
> 　这条规则的主要目的是确保已经建立的连接和与之相关的连接能够顺利通过防火墙，从而支持正常的双向通信和复杂协议的正常运行。

5. 允许 HTTP（端口 80）和 HTTPS（端口 443）的传入流量

```
sudo iptables -A INPUT -p tcp --dport 80 -j ACCEPT
sudo iptables -A INPUT -p tcp --dport 443 -j ACCEPT
```

（二）验证防火墙规则

1. 验证 HTTP 和 HTTPS 流量

（1）在同一台计算机上安装一个简单的 HTTP 服务器（如 Apache 默认已安装，直接启动服务即可）。

```
sudo systemctl start apache2
```

（2）在浏览器中访问 http：//localhost，确认可以加载 Apache 默认页面。

（3）使用 curl 命令验证。

```
curl -I http：//localhost
```

返回结果如下，说明基础规则设置成功。

```
HTTP/1.1 200 OK
Date: Mon, 10 Jun 2024 13:45:48 GMT
Server: Apache/2.4.54 (Debian)
Last-Modified: Fri, 19 Apr 2024 12:22:48 GMT
ETag: "29cd-6167225598c0b"
Accept-Ranges: bytes
Content-Length: 10701
Vary: Accept-Encoding
Content-Type: text/html
```

2. 验证其他端口的流量被阻止

首先，尝试使用非 HTTP/HTTPS 端口，应该会被阻止。

```
nc -zv localhost 22
```

说明：nc 是 netcat 命令的缩写。netcat 是一个多功能的网络工具，可以用于读取和写入网络连接，通过 TCP 或 UDP 协议。这条命令的目的是检查本地主机上的某个特定端口（这里是端口 22）是否打开并接受连接。这在网络诊断和安全测试中非常有用。

预期结果应为连接失败。

```
localhost [127.0.0.1] 22 (ssh): Connection refused
```

（三）保存防火墙规则

目标：确保防火墙规则在系统重启后仍然有效。
创建或编辑文件 /etc/network/if-pre-up.d/iptables：

```
sudo nano /etc/network/if-pre-up.d/iptables
```

添加以下内容：

```
#!/bin/sh
iptables-restore < /etc/iptables/rules.v4
```

保存并退出，然后使文件可执行：

```
sudo chmod +x /etc/network/if-pre-up.d/iptables
```

六、实训总结

在本综合实训中，学生通过实际配置 iptables 防火墙，学习了如何有效地控制网络流量。综合实训的主要任务包括清除默认规则、设定默认策略、配置允许规则、验证配置有效性以及持久化配置。这些任务帮助学生理解了防火墙规则的基本概念和应用，通过实践，他们掌握了如何在真实环境中配置和管理防火墙，确保网络的安全性和稳定性。这些经验为学生将来处理更复杂的网络安全问题提供了宝贵的基础。

综合实训二　数据加密与鉴别

随着信息技术的发展，数据安全问题日益受到重视，特别是在保护敏感信息和重要数据方面，如何确保信息的机密性、完整性和身份验证已成为关键问题。密码学作为信息安全的核心技术，为数据安全提供了强有力的解决方案，广泛应用于数据加密、数字签名、身份认证等领域。特别是在现代网络环境中，利用加密算法确保信息不被窃取或篡改，已成为企业和个人保护隐私与安全的必要手段。在本次综合实训中，我们将通过一系列加密与鉴别技术的实践操作，深入了解对称加密、非对称加密以及数字水印等技术，并通过实际操作确保文档的完整性和保密性。接下来，我们将详细介绍本次综合实训的业务场景及任务要求。

一、业务场景

密码技术是实现网络信息安全的核心技术，是保护数据最重要的工具之一。密码技术在保护信息安全方面所起的作用体现为保证信息的机密性、数据完整性、验证实体的身份和数字签名的抗否认性。通过实验，使学生掌握古典密码、对称密码体制、非对称密码体制、消息认证、数字签名和信息鉴别等密码算法的特点和密钥管理的原理，能够使用数据加密技术解决相关的实际应用问题，理解密码分析的特点。

假设你是一家名为 SecureDocs 的安全文档管理公司的网络安全专业人员。你们公司接到了一个需求，需要保护一份重要的文档，并在其中嵌入数字水印以及采用对称和非对称加密算法来确保文档的完整性和保密性，最终需要验证解密后的数据完整性。

二、环境准备

需要安装 OpenSSL、并使用 Kali Linux 系统的电脑。

三、实训要求

目标：理解各种常见加密算法的特点，能够使用对称加密、非对称加密软件完成文件的加密操作，能够使用数字水印软件实现数字水印操作（提高要求：能够实现 DES 算法或 RSA 算法）。

四、相关知识

密码技术是信息安全的核心技术，密码学的应用非常广泛，数字签名、身份鉴别等都是由密码学派生出来的新技术和应用。

（一）数据加密原理和体制

（1）数据加密：在计算机上实现的数据加密，其加密或解密变换是由密钥控制实现的。密钥（keyword）是用户按照一种密码体制随机选取，它通常是一随机字符串，是控制明文和密文变换的唯一参数。

（2）数字签名、密码技术除了提供信息的加密解密外，还提供对信息来源的鉴别、保证信息的完整和不可否认等功能，而这3种功能都是通过数字签名实现的。数字签名的原理是将要传送的明文通过一种函数运算（hash）转换成报文摘要（不同的明文对应不同的报文摘要），报文摘要加密后与明文一起传送给接收方，接收方将接收的明文产生新的报文摘要与发送方的发来报文摘要解密比较，比较结果一致表示明文未被改动，如果不一致表示明文已被篡改。

（二）加密体制及比较

根据密钥类型不同将现代密码技术分为两类：一类是对称加密（秘密钥匙加密）系统，另一类是公开密钥加密（非对称加密）系统。对称钥匙加密系统是加密和解密均采用同一把密钥，而且通信双方都必须获得这把钥匙，并保证钥匙没有泄漏。

对称密码系统的安全性依赖于以下两个因素。

第一，加密算法必须是足够强的，仅仅基于密文本身去解密信息在实践上是不可能的；

第二，加密方法的安全性依赖于密钥的秘密性，而不是算法的秘密性，因此，没有必要确保算法的秘密性，而需要保证密钥的秘密性。

对称加密系统的算法实现速度极快，从 AES 候选算法的测试结果看，软件实现的速度都达到了每秒数兆或数十兆比特。对称密码系统的这些特点使其有着广泛的应用。因为算法不需要保密，所以制造商可以开发出低成本的芯片以实现数据加密。这些芯片有着广泛的应用，适合于大规模生产。

对称加密系统最大的问题是密钥的分发和管理非常复杂、代价高昂。例如对于具有 n 个用户的网络，需要 $(n-1)/2$ 个密钥，在用户群不是很大的情况下，对称加密系统是有效的。但是对于大型网络，当用户群很大，分布很广时，密钥的分配和保存就成了大问题。对称加密算法另一个缺点是不能实现数字签名。

公开密钥加密系统采用的加密钥匙（公钥）和解密钥匙（私钥）是不同的。由于加密钥匙是公开的，密钥的分配和管理就很简单，例如对于具有 n 个用户的网络，仅需要 2n 个密钥。公开密钥加密系统还能够很容易地实现数字签名。因此，最适合于电子商务应用需要。在实际应用中，公开密钥加密系统并没有完全取代对称密钥加密系统，这是因为公开密钥加密系统是基于尖端的数学难题，计算非常复杂，它的安全性更高，但它实现速度却远赶不上对称密钥加密系统。在实际应用中可利用二者的各自优点，采用对称加密系统加密文件，采用公开密钥加密系统加密"加密文件"的密钥（会话密钥），这就是混合加密系统，它较好地解决了运算速度问题和密钥分配管理问题。因此，公钥密码体制通常被用来加密关键性的、核心的机密数据，而对称密码体制通常被用来加密体量大的数据。

（三）对称密码加密系统

对称加密系统最著名的是美国数据加密标准 DES、AES（高级加密标准）和欧洲数据加密标准 IDEA。

1977 年美国国家标准局正式公布实施了美国的数据加密标准 DES，公开它的加密算法，并批准用于非机密单位和商业上的保密通信。随后 DES 成为全世界使用最广泛的加密标准。加密与解密的密钥和流程是完全相同的，区别仅仅是加密与解密使用的子密钥序列的施加顺序刚好相反。

但是，经过 20 多年的使用，已经发现 DES 很多不足之处，对 DES 的破解方法也日趋有效。未来 AES 将会替代 DES 成为新一代加密标准。

（四）公钥密码加密系统

自公钥加密问世以来，学者们提出了许多种公钥加密方法，它们的安全性都是基于复杂的数学难题。根据所基于的数学难题来分类，有以下三类系统目前被认为是安全和有效的：大整数因子分解系统（代表性的有 RSA）、椭圆曲线离散对数系统（ECC）和离散对数系统（代表性的有 DSA）。

当前最著名、应用最广泛的公钥系统 RSA 是由 Rivet、Shamir、Adelman 提出的，它的安全性是基于大整数因子分解的困难性，而大整数因子分解问题是数学上的著名难题，至今没有有效的方法予以解决，因此可以确保 RSA 算法的安全性。RSA 系统是公钥系统的最具有典型意义的方法，大多数使用公钥密码进行加密和数字签名的产品和标准使用的都是 RSA 算法。

RSA 算法的优点主要在于原理简单、易于使用。但是，随着分解大整数方法的进步及完善、计算机速度的提高以及计算机网络的发展（可以使用成千上万台机器同时进行大整数分解），作为 RSA 加解密安全保障的大整数要求越来越大。为了保证 RSA 使用的安全性，其密钥的位数一直在增加，例如，目前一般认为 RSA 需要 1024 位以上的字长才有安全保障。但是，密钥长度的增加导致了其加解密的速度大为降低，硬件实现也变得越来越难以忍受，这对使用 RSA 的应用带来了很重的负担，对进行大量安全交易的电子商务更是如此，从而使得其应用范围越来越受到制约。

五、实训步骤

（一）实施步骤

1. 生成文档

创建一份重要的文档 important_document.txt，并向其中添加内容。

```
echo "This is a confidential document. Handle with care." > important_document.txt
```

2. 对称加密

使用 OpenSSL 命令生成一个 32 字节的随机对称密钥，并使用该密钥对文档进行加密。

```
openssl rand -out symmetric_key.bin 32
openssl enc -aes-256-cbc -salt -in important_document.txt -out encrypted_document.txt
-pass file: symmetric_key.bin
```

3. 非对称加密

使用 OpenSSL 命令生成一对 RSA 密钥对，并使用公钥对对称密钥进行加密。

```
openssl genpkey -algorithm RSA -out private_key.pem
openssl rsa -pubout -in private_key.pem -out public_key.pem
openssl rsautl -encrypt -pubin -inkey public_key.pem -in symmetric_key.bin -out
symmetric_key.enc
```

输出结果如下：

```
.+........+.+..........+...+.....+.+.........+..+.........+......++++++++++++++++++++++++++++
++++++++++++*.........+...+....+........+......+.....+.........+...+++++++++++++++++++++++++++
+ ...（中间省略）...++++++++++++*..............+.....+..+..+.........+..+.........+....+...............+.
....+.+.....++++++
    writing RSA key
```

4. 数字水印操作

使用 steghide 命令将原始文档嵌入到一张图像文件中。准备一张图像文件名称 cover_image.jpg，

```
convert -size 100x100 xc: white cover_image.jpg  #需要 ImageMagick
```

嵌入文档到图像文件中。

```
steghide embed -ef important_document.txt -cf cover_image.jpg -p mypassword
```

注意

中间提示是否安装 ImageMagick 和 steghide 工具，选择"Y"。

5. 替换加密算法

使用凯撒密码对文档进行加密。

```
cat important_document.txt | tr 'A-Za-z' 'D-ZA-Cd-za-c' > caesar_encrypted.txt
```

（二）解密和验证步骤

1. 解密对称密钥

使用私钥解密加密的对称密钥文件 symmetric_key.enc。

```
openssl rsautl -decrypt -inkey private_key.pem -in symmetric_key.enc -out decrypted_symmetric_key.bin
```

2. 使用解密的对称密钥解密文档

使用解密后的对称密钥解密加密的文档 encrypted_document.txt。

```
openssl enc -d -aes-256-cbc -in encrypted_document.txt -out decrypted_document.txt -pass file: decrypted_symmetric_key.bin
```

打印 decrypted_document.txt 内容，

```
cat decrypted_document.txt
```

运行结果如下所示。

```
This is a confidential document. Handle with care.
```

8. 验证文档完整性

比较解密后的文档 decrypted_document.txt 与原始文档 important_document.txt 内容是否一致，以验证解密的正确性。

```
diff important_document.txt decrypted_document.txt
```

diff important_document.txt decrypted_document.txt 命令用于比较两个文件的内容。输出结果为空，表示这两个文件完全相同，没有任何差异。此命令对于验证文件一致性非常有用。

逐步操作解释：

（1）生成文档：我们创建了包含敏感信息的文本文件 important_document.txt，以便后续加密。

（2）对称加密：生成一个随机对称密钥 symmetric_key.bin，并使用 AES-256-CBC 算法对文档进行了加密，生成了 encrypted_document.txt 文件。对称加密的优点是速度快，适合大文件的加密。

（3）非对称加密：生成一对 RSA 密钥，并使用公钥加密了对称密钥 symmetric_key.bin，生成了 symmetric_key.enc 文件。非对称加密适合小数据的加密，如密钥，因为它的加密速度较慢，但安全性高。

（4）数字水印：使用 steghide 工具将原文档嵌入到图像文件 cover_image.jpg 中，并设置了密码保护。数字水印技术可以隐藏信息，提供额外的安全层。

（5）替换加密：使用简单的凯撒密码对原文档进行了加密，生成 caesar_encrypted.txt 文件。虽然凯撒密码相对不安全，但它可以用来展示经典的加密算法。

（6）解密对称密钥：使用私钥解密加密的对称密钥文件 symmetric_key.enc，生成 decrypted_symmetric_key.bin 文件。

（7）使用解密的对称密钥解密文档：使用解密后的对称密钥 decrypted_symmetric_key.bin 解密加密文档 encrypted_document.txt，生成 decrypted_document.txt 文件。

（8）验证文档完整性：使用 diff 命令比较解密后的文档 decrypted_document.txt 与原始文档 important_document.txt 的内容，确保解密正确。如果两个文件相同，diff 命令不会有任何输出，这意味着文档在加密和解密过程中保持了一致性。

六、实训总结

通过这些步骤，我们展示了如何在 Kali Linux 上使用 OpenSSL 和其他工具实现对称加密、非对称加密、数字水印和经典加密算法。最终通过解密和验证操作，确保了文档的保密性、完整性和安全性。整个流程闭环，确保数据在加密和解密过程中保持一致。

综合实训三　数据库系统安全

随着互联网的普及和数据量的爆炸式增长，数据库技术成为企业和个人存储、管理信息的核心技术。然而，数据库系统也面临着诸多安全威胁，尤其是网络攻击者通过漏洞进行 SQL 注入，获取未经授权的数据或破坏系统的安全性。因此，了解数据库的安全威胁和防护措施，对确保敏感信息的安全至关重要。在本次综合实训中，我们将通过实际操作，了解 SQL 注入攻击的原理与防护技术，掌握使用 SQL Server 及相关工具进行数据库安全评估和防护配置的方法。接下来，将深入介绍本次实训的业务场景和任务要求。

一、业务场景

在信息化社会，大量的信息被存储在计算机数据库中，因此数据库的安全性至关重要。本综合实训旨在让学生认识数据库系统所面临的安全威胁，了解数据库系统安全的内容，并能够使用数据库安全扫描工具进行评估与检测。本实验将通过 SQL 注入攻击的演示、角色和身份认证的配置、内置存储过程和防注入技术的实践来全面提升学生对数据库安全的理解和操作能力。

一个电子商务平台的数据库存储了大量的用户信息、订单记录和产品数据。为了保障这些数据的安全，需要对数据库进行全面的安全评估和防护配置。本综合实训将模拟该电子商务平台的数据库环境，使学生通过一系列的操作和配置，识别并防范数据库中的安全威胁。

二、环境准备

主流配置的 PC 一台，运行 Windows Server 2022 的方法操作系统，并安装 MS SQL Server 2022 数据库软件和 SQL Server Management Studio（SSMS）软件。

三、实训要求

理解 SQL 注入的原理，掌握安装 SQL Server 2022 的方法并建立数据库，了解注入的原理，使用 SQL 创建数据库、创建用户表、进行注入攻击以及防止注入攻击的方法。通过使用参数化查询或存储过程，我们可以有效地防止 SQL 注入攻击。

四、相关知识

（一）SQL 语言基础

1.DDL（数据定义语言）

了解如何使用 CREATE DATABASE，CREATE TABLE，ALTER TABLE 等命令来创建和修改数据库和表格的结构。

2.DML（数据操作语言）

学习如何使用 INSERT INTO，SELECT，UPDATE，DELETE 等命令来操作表格中的数据。

3.DDL 命令

掌握各种 DDL 命令的语法和用法，包括创建、修改和删除数据库和表格。

4.DML 命令

理解 DML 命令的用途和作用，学习如何使用它们来执行数据操作。

5.SQL 函数

熟悉常用的 SQL 函数，包括字符串函数、数值函数、日期函数等，以及它们的用法和示例。

（二）数据库管理系统（DBMS）

1. SSMS

了解如何使用 SSMS 进行数据库管理，包括连接数据库服务器、执行 SQL 查询、管理数据库对象等。

2. 连接数据库

学习如何使用 SSMS 连接到 SQL Server 数据库服务器，包括通过 Windows 身份验证或 SQL Server 身份验证进行身份验证。

3. 创建数据库和表格

掌握如何使用 SSMS 创建数据库和表格，包括选择合适的数据类型、设置主键和外键等。

4. 插入和查询数据

学习如何使用 INSERT 和 SELECT 语句向表格中插入数据并查询数据，包括基本的 SQL 查询和高级查询技巧。

（三）SQL 注入攻击

1. 攻击原理

了解 SQL 注入攻击的原理，包括攻击者如何利用应用程序的漏洞来执行恶意 SQL 查询。

2. 注入方式

熟悉 SQL 注入攻击的常见方式，包括基于字符串拼接、注释符号、逻辑操作符、UNION 注入等。

3. 危害

理解 SQL 注入攻击可能带来的危害，包括数据泄露、数据篡改、拒绝服务等。

4. 实例分析

分析实际的 SQL 注入案例，了解攻击者是如何利用漏洞进行攻击的，以及如何防范这些攻击。

（四）防止 SQL 注入攻击

1. 参数化查询

学习如何使用参数化查询来防止 SQL 注入攻击，包括在编程语言中使用预编译语句或存储过程来处理用户输入。

2. 输入验证

掌握如何对用户输入进行验证和过滤，包括检查输入的类型、长度、格式等，防止恶意注入。

3. 编码数据

了解如何对用户输入的数据进行编码，以及如何在将数据存储到数据库之前对其进行过滤和转义，防止 SQL 注入攻击。

4. 存储过程

学习如何使用存储过程来执行 SQL 查询，以及如何在存储过程中实现参数化查询和输入验证，防止 SQL 注入攻击。

五、实训步骤

在现代信息系统中，数据库是存储、管理和操作数据的核心组件。SQL Server 作为一种强大的关系型数据库管理系统，被广泛应用于各类业务系统中，提供高效、安全、可靠的数据库服务。本综合实训旨在帮助学员掌握 SQL Server 的安装、配置及管理技巧，并通过实操演练，了解如何通过 SQL 语句进行数据操作以及如何防范 SQL 注入等安全威胁。通过本综合实训，学员将能理解数据库的基本概念，掌握如何使用 SQL Server 进行数据库管理，并学会如何确保数据库的安全性。

接下来，我们将开始 SQL Server 的安装过程，并逐步深入到数据库的创建、管理及安全防护方面的内容。

（一）SQL Server 安装

（1）双击"SQL2022-SSEI-Dev.exe"或右键点击该文件并选择"以管理员身份运行（A）"，以启动 SQL Server 安装程序，如图 7-3-1 所示。

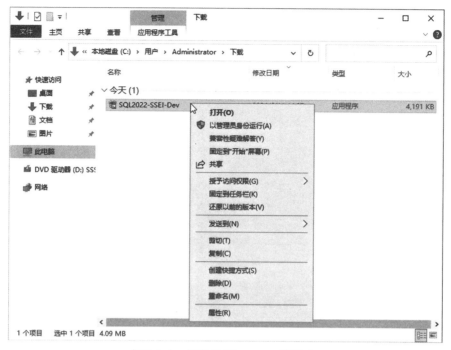

图7-3-1 打开SQL server安装包

（2）选择"自定义（C）"安装类型，以继续进行 SQL Server 的安装配置，如图 7-3-2 所示。

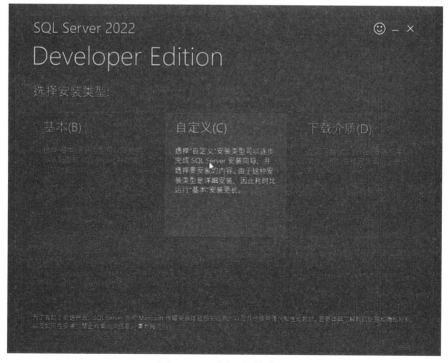

图7-3-2 选择安装类型

（3）根据需求选择安装软件位置，然后点击"安装"按钮，安装程序将开始复制文件并进行配置，如图 7-3-3 所示。

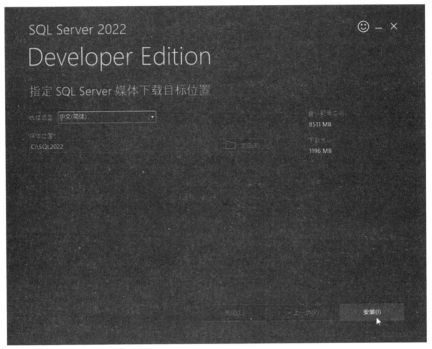

图7-3-3　选择安装路径

（4）下载完成后，在弹出安装中心界面，选择"安装"——"全新 SQL Server 独立安装或向现有安装添加功能"，随后将进入安装向导，开始 SQL Server 的安装配置，如图 7-3-4 所示。

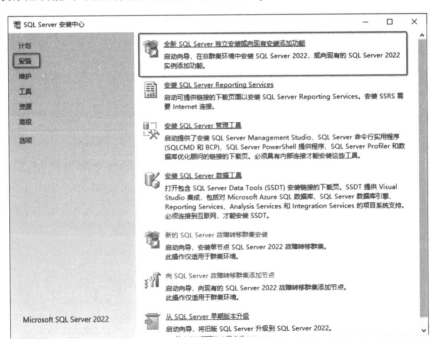

图7-3-4　安装SQL server服务

（5）版本中选择安装版本（由于安装的是 Developer 免费版本，直接选择指定可用版本即可），然后点击"下一步（N）"按钮，系统将检查安装环境并准备开始安装，如图 7-3-5 所示。

图7-3-5　选择安装版本

（6）许可条款中选择"我接受许可条款"选项，然后点击"下一步"按钮。

（7）Microsoft 更新中，点击"下一步（N）"按钮。

（8）进入功能选择，默认只勾选安装数据引擎服务核心功能即可（如后续需要安装相关组件可以重新按照此安装步骤，再勾选"安装"即可），点击"下一步（N）"按钮，系统将开始验证所选功能的依赖项，如图 7-3-6 所示。

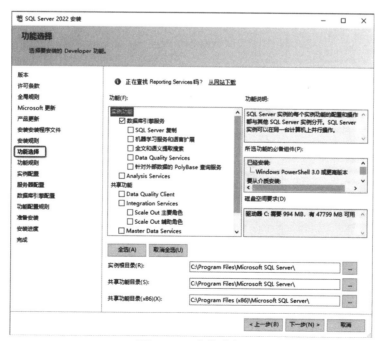

图7-3-6　功能选择

（9）在实例配置中，由于是安装的第一个实例，所以选择"默认实例（D）"选项即可，点击"下一步（N）"按钮，如图 7-3-7 所示。

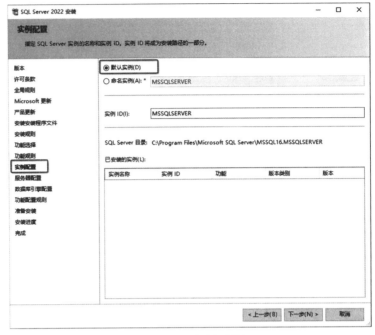

图7-3-7　实例配置

（10）在服务器配置中，配置服务账号和启动类型，选择默认即可，若有其他需要可以相应的开启 SQL Server Browser 和 SQL Server Agent 服务，并配置自动启动，点击"下一步（N）"按钮。如图 7-3-8 所示。

图7-3-8　服务器配置

（11）在数据库引擎配置中，使用混合模式身份验证，安装完之后再改成混合模式即可。在"指定 SQL Server 管理员"中，点击"添加当前用户（C）"即可。其他配置选择默认，如有需要可以选择更改，点击"下一步（N）"按钮，如图 7-3-9 所示。

图7-3-9　数据库引擎配置

（12）准备安装中，点击"安装"按钮。

（13）安装完成。

（二）SQL Server Management Studio 安装

（1）双击"SSMS–Setup–CHS.exe"或右键点击"打开"进行程序安装，如图 7-3-10 所示。

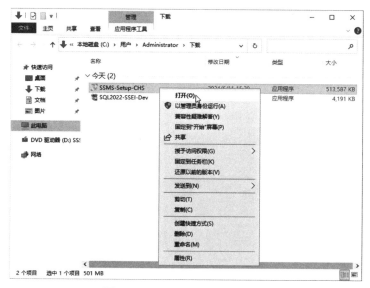

图7-3-10　打开SSMS安装包

（2）选择默认安装即可，点击"安装（I）"，如图 7-3-11 所示。

图7-3-11　配置SSMS安装路径

（3）安装完成，选择重启计算机，如图 7-3-12 所示。

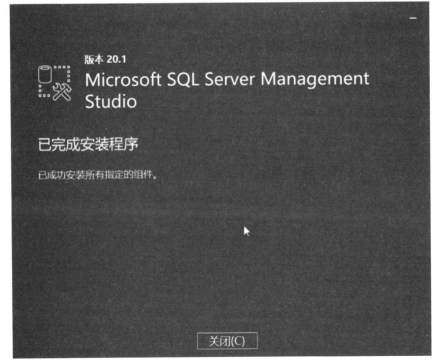

图7-3-12　SSMS安装成功界面

（4）登录系统后，点击"开始"按钮，打开 SSMS 客户端即可，如图 7-3-13 所示。

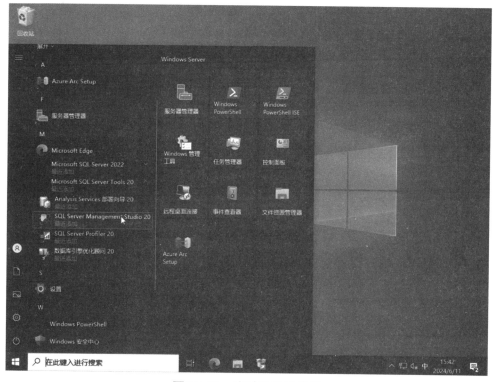

图7-3-13 启动SSMS软件

（5）点击"连接（C）"按钮，即可登录，如图 7-3-14 所示。

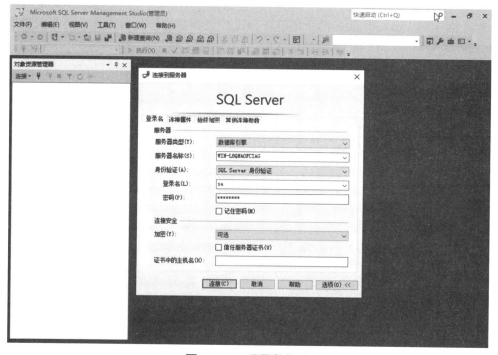

图7-3-14 登录数据库

（三）创建数据库和数据表

（1）进入 SSMS 主界面，点击"新建查询"按钮，如图 7-3-15 所示。

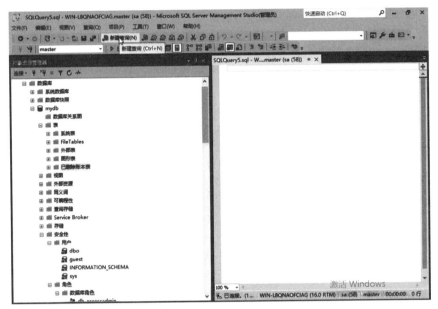

图7-3-15　登录数据库

（2）创建 UserAuthentication 数据库。

```
CREATE DATABASE UserAuthentication;
```

（3）USE UserAuthentication 命令用于在 SQL 中选择要操作的数据库，将当前数据库上下文切换到名为 UserAuthentication 的数据库。

```
USE UserAuthentication;
```

（4）创建一个名为 "Users" 的表，包含三个列：Id（主键，自增），Username（最大长度为 50 的 NVARCHAR 类型），Password（最大长度为 50 的 NVARCHAR 类型）。

```
CREATE TABLE Users (Id INT PRIMARY KEY IDENTITY, Username
NVARCHAR(50), Password NVARCHAR(50));
```

（5）将三个用户记录插入到名为 "Users" 的表中，分别设置了它们的用户名和密码。

```
INSERT INTO Users (Username, Password) VALUES
('admin', 'admin_password'),
('user1', 'user1_password'),
('user2', 'user2_password');
```

这样我们就创建了一个名为 UserAuthentication 的数据库，并在其中创建了一个名为 Users 的用户表，其中包含用户名和密码。

（四）进行 SQL 注入攻击

我们尝试通过注入攻击来绕过用户认证。在登录时，我们可以输入以下内容：

```
Username：admin'—
Password：anything
```

这将导致 SQL 查询变成：

```
SELECT * FROM Users WHERE Username = 'admin'--' AND Password = 'anything'
```

这里 —— 是 SQL 中的注释，导致密码部分被忽略。因此，我们可以以管理员的身份登录，而不需要输入正确的密码。

（五）防止 SQL 注入攻击

要防止 SQL 注入攻击，可以使用参数化查询或存储过程。在此示例中，我们将使用参数化查询。修改登录查询的 SQL 语句如下：

```
DECLARE @Username NVARCHAR(50)= ?;
DECLARE @Password NVARCHAR(50)= ?;

SELECT * FROM Users WHERE Username = @Username AND Password = @Password;
```

然后，我们在执行查询时，通过参数化的方式传递用户名和密码，而不是将它们直接嵌入到 SQL 查询中，从而防止了 SQL 注入攻击。

六、实训总结

在这个综合实训中，通过深入研究 SQL 注入攻击的原理，掌握了这种常见的网络安全威胁。通过安装 SQL Server 2022 并建立数据库，创建用户表，以及实践 SQL 注入攻击和防御方法，我们不仅学会了如何创建数据库和表，还了解了如何使用参数化查询或存储过程来有效地防止 SQL 注入攻击。这个案例让我们意识到了数据库安全的重要性，并为未来在开发和管理数据库应用程序时提供了宝贵的经验和技能。

综合实训四　CSRF 攻击和防御

随着网络攻击手段日益复杂，CSRF（cross-site request forgery，跨站请求伪造）攻击作为一种常见且隐蔽的安全威胁，已经成为众多 Web 应用程序面临的严重问题。CSRF 攻击通过利用用户已认证的身份，伪造请求并在受害者不知情的情况下执行敏感操作，从而造成信息泄露、账户修改、交易损失等安全隐患。尤其在电子商务平台等对用户账户安全要求较高的网站，CSRF 攻击可能会带来不可估量的损失。为了帮助学生更好地理解和防范 CSRF 攻击，本次实训将通过模拟电子商务网站的漏洞环境，详细展示 CSRF 攻击的原理、实施过程以及如何通过技术手段有效防御该类攻击。接下来，我们将从业务场景和实验要求入手，逐步进行操作和分析。

一、业务场景

在数字化时代，网站安全对于在线业务至关重要。作为负责确保客户网站安全的 IT 公司安全团队成员，我们必须积极应对潜在的安全威胁和漏洞。最近，我们客户中的一家电子商务公司，开始收到用户关于异常购物体验的投诉。用户报告称，他们购物车中的商品数量不正确，甚至在结账时会看到不是自己的商品或地址信息。

经过初步调查，我们发现这些问题可能是由 CSRF 攻击导致的。CSRF 攻击利用了用户当前已经认证过的会话，通过伪装的请求来执行未经授权的操作。攻击者通常会通过伪装成可信站点的方式来触发这些请求，从而绕过传统的防御措施。

为了更好地理解和防范这些威胁，我们决定采用 DVWA（damn vulnerable web application）来模拟电子商务网站的漏洞，并利用火狐抓包工具进行流量分析。我们将针对以下几个步骤进行操作：

（1）触发 CSRF 攻击：利用 DVWA 内置的漏洞，来实施 CSRF 攻击。这个攻击伪装成一个诱导用户点击的链接或按钮，而实际上执行了未经授权的购物车修改操作。

（2）使用火狐抓包工具：在火狐浏览器中配置并打开抓包工具，监控用户和网站之间的 HTTP 请求。我们将捕获并分析模拟的 CSRF 攻击流量，以便更好地理解攻击者的行为和实施方式。

（3）基于我们的分析和实验结果，我们将调整安全级别并实施有效的 CSRF 防御措施。这可能包括通过分析现有代码，确保在关键操作中正确地实施了同步令牌（synchronizer token）或双重确认机制，以确保每个请求都是由合法用户发起的。

通过这些步骤，我们不仅可以理解 CSRF 攻击的工作原理，还能够为客户提供实际的防御建议和解决方案。这不仅有助于提升客户网站的安全性，还能增强用户的信任和满意度。

二、环境准备

需要在 Kali Linux 系统主机上安装并使用 firefox 浏览器。

三、实训要求

（1）掌握 Firefox 抓包工具的使用：你需要深入了解 Firefox 浏览器内置的抓包工具的使用方法，包括如何配置捕获 HTTP 请求、分析流量、识别潜在的安全问题等功能。这可能需要通过官方文档、在线教程或培训课程来学习。

（2）了解电子商务网站的安全性：你需要对电子商务网站的常见安全漏洞有一定的了解，例如跨站脚本（XSS）、SQL 注入、CSRF 攻击、会话固定等。

四、相关知识

DVWA 是一个专门设计用来进行 Web 应用程序漏洞测试和教学的开源项目。它的主要目的是帮助安全人员和开发者了解和研究常见的 Web 应用程序安全漏洞，以及如何防范这些漏洞。

（一）DVWA 的特点

（1）漏洞模拟：DVWA 提供了一系列的漏洞场景和示例，如 SQL 注入、跨站脚本、CSRF 等，用户可以在安全环境中模拟和测试这些漏洞。

（2）安全教育：通过 DVWA，用户可以实际操作和体验不同类型漏洞的攻击和防御，从而加深对 Web 安全的理解。

（3）适用性广泛：DVWA 适用于各种技术背景的安全人员和开发者，无论是初学者还是经验丰富的专家都能从中获益。

（4）开放源代码：作为开源项目，DVWA 允许用户根据需要自由定制和扩展，以满足特定的教育和测试需求。

使用 DVWA 有助于提高对 Web 应用程序安全性的认识，帮助用户在真实环境中练习漏洞分析和修复技能，从而有效地提升 Web 应用程序的安全性和防御能力。

（二）火狐浏览器的抓包功能

火狐浏览器（mozilla firefox）不仅是一款广受欢迎的网页浏览器，还提供了强大的抓包工具，有助于分析和监视网络流量。以下是关于火狐浏览器抓包功能的介绍。

（1）网络监控工具：火狐浏览器内置了名为"网络分析器"的工具，可以捕获和分析浏览器与服务器之间的网络请求和响应。

（2）功能丰富：网络分析器支持详细的 HTTP 请求和响应的查看，包括请求头、响应头、传输数据等信息，使用户能够深入了解每个网络请求的细节。

（3）性能优化：除了抓包功能外，火狐浏览器还提供了性能分析工具，帮助开发者识别和解决网页加载和性能问题。

（4）开发者友好：火狐浏览器通过提供直观的用户界面和丰富的功能，使开发者能够轻松地进行网络调试和分析，提高开发效率和网站质量。

通过火狐浏览器的抓包工具，用户能够有效地分析和监视网络流量，帮助调试网页、优化性能以及发现潜在的安全问题，是开发者和安全专家不可或缺的工具之一。

五、实训步骤

（1）安装 DVWA。在 Kali Linux 中，通过以下命令安装 DVWA：

```
dvwa-start
```

如果出现如下信息：

```
Command 'dvwa-start' not found, but can be installed with:
sudo apt install dvwa
Do you want to install it? (N/y)
```

说明 DVWA 还没安装，输入 y 等待安装完成。

> **注意**
> 安装过程中可能还需要输入系统密码以及确认是否安装某些组件。

（2）启动 DVWA。安装完成后，在终端中输入"dvwa-start"启动，如图 7-4-1 所示。

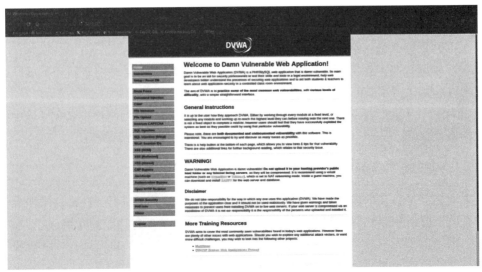

图7-4-1　DVWA主界面

（3）设置 DVWA 安全级别。将安全级别设置为"low"，如图 7-4-2 所示。

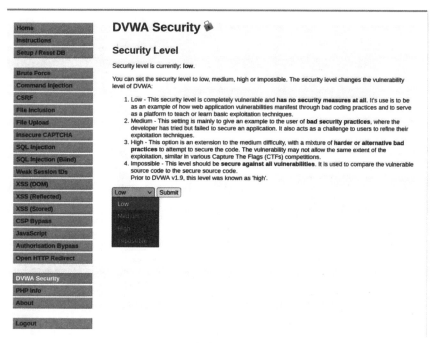

图7-4-2　安全级别设置界面

（4）修改账号密码，如图 7-4-3 所示。

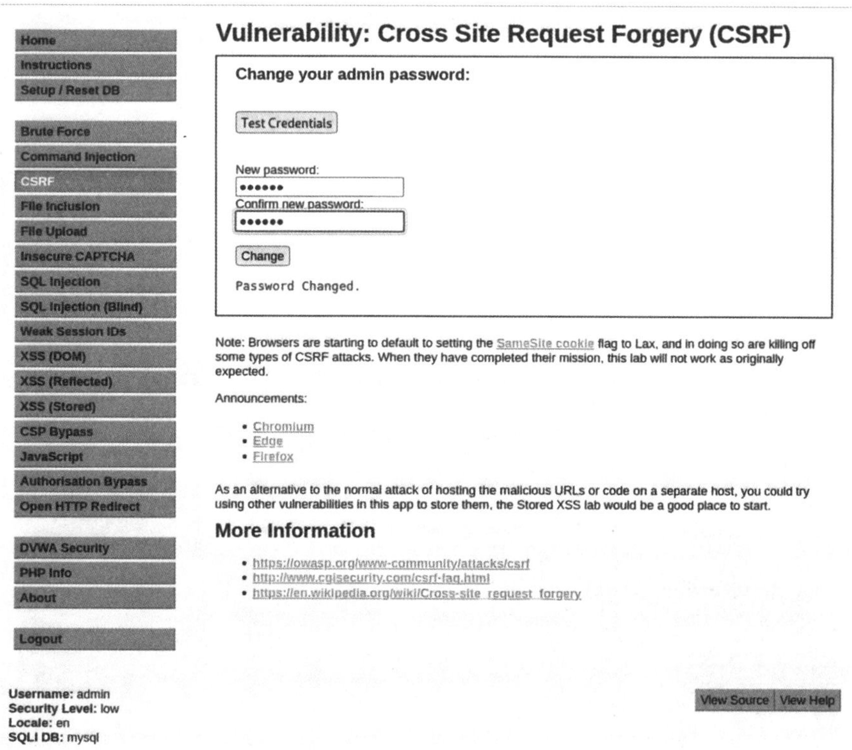

图7-4-3　修改密码

（5）点击 "Change" 按钮后，页面下方应显示 "Password Changed" 提示信息，同时浏览器地址栏将显示如图 7-4-4 的 URL。

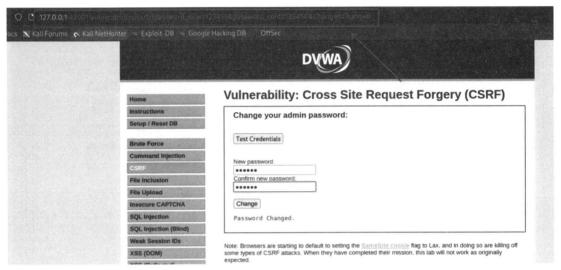

图7-4-4　地址栏网址

注意

链接 http://127.0.0.1: 42001/vulnerabilities/csrf/?password_new=123456&password_conf=123456&Change=Change# 中包含了我们设定的新密码。接下来，我们尝试将这个 URL 伪装在一个诱饵网页中，用户不经意地打开该页面后，可能会不自觉地修改他们的密码。

（6）创建名为 low.html 的诱饵网页，并将其保存到桌面。网页内容如下所示：

```
<!DOCTYPE html>
<html lang="en">
<head>
<meta charset="UTF-8">
<meta name="viewport" content="width=device-width, initial-scale=1.0">
<title> 诱饵网页 </title>
</head>
<body>
<img id="csrfImg" src="http://127.0.0.1: 42001/vulnerabilities/csrf/?password_new=111111&password_conf=111111&Change=Change#" alt=" 图片 ">
<script>
</script>
</body>
</html>
```

打开终端命令行工具，切换工作目录为桌面，如下所示：

```
cd Desktop
```

启动一个简单的 HTTP 文件服务器，方便通过浏览器访问我们刚才创建的网页。命令如下：

```
python3 -m http.server
```

我们再次打开浏览器，输入网址：

```
127.0.0.1: 8000/low.html
```

效果如图 7-4-5 所示。

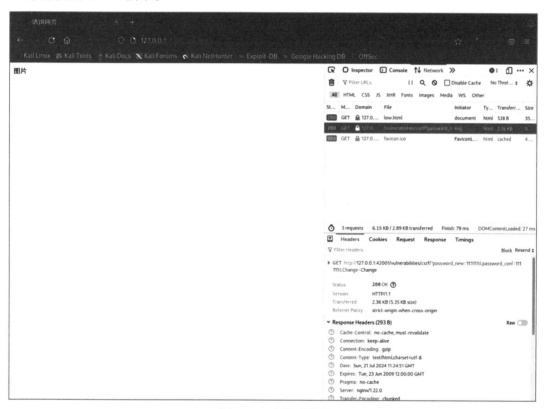

图7-4-5　诱饵网页

（7）在浏览器中再次打开 DVWA 系统，使用之前的账号密码尝试登录时，发现登录失败。然而，使用新设定的密码 111111 却能成功登录。这说明，只要用户访问我们设置的诱饵网页，在他们毫不知情的情况下，密码已经被修改。

（8）点击"CSRF"菜单，然后在网页表单处右击鼠标，选择"inspect"选项，如图 7-4-6 所示。

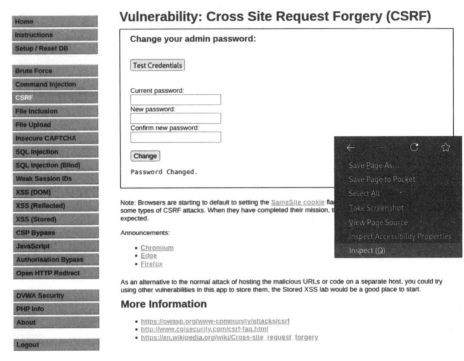

图7-4-6 Inspect网页

我们看下安全级别为 Low 时候，表单的网页源代码如下。

```
<form action="#" method="GET">
New password: <br>
<input type="password" autocomplete="off" name="password_new"><br>
Confirm new password:<br>
<input type="password" autocomplete="off" name="password_conf"><br>
<br>
<input type="submit" value="Change" name="Change">
</form>
```

（9）设置 DVWA 安全级别。将安全级别设置为"Impossible"。再次查看表单网页源代码如下：

```
<form action="#" method="GET">
Current password: <br>
<input type="password" autocomplete="off" name="password_current"><br>
New password: <br>
<input type="password" autocomplete="off" name="password_new"><br>
```

```
Confirm new password: <br>
<input type="password" autocomplete="off" name="password_conf"><br>
<br>
<input type="submit" value="Change" name="Change">
<input type="hidden" name="user_token" value="0cfd182e2e8f79dcec42f7c52d1f45
bc">
</form>
```

在这个表单中，user_token 就是一个 CSRF 令牌。它是服务器生成的一个随机值或加密字符串，每次加载页面时都会随表单一起提供给用户。当用户提交表单时，服务器会检查该令牌的有效性。

步骤 9：创建名为 impossible.html 的诱饵网页，并将其保存到桌面。网页内容如下所示：

```
<!DOCTYPE html>
<html lang="en">
<head>
<meta charset="UTF-8">
<meta name="viewport" content="width=device-width, initial-scale=1.0">
<title> 诱饵网页 </title>
</head>
<body>
<img id="csrfImg" src="http: //127.0.0.1: 42001/vulnerabilities/csrf/?password_
new=123456&password_conf=123456&Change=Change#" alt=" 图片 ">
<script>
</script>
</body>
</html>
```

注：变更了 DVWA 系统登录密码

（11）打开浏览器，输入以下网址。

```
127.0.0.1：8000/impossible.html
```

（12）在浏览器中再次打开 DVWA 系统，用新密码"123456"无法登录系统，说明诱饵网页无法在我们不知情的情况下修改网页密码了。

user_token 在这个表单中起到了防止 CSRF（跨站请求伪造）攻击的作用。通过确保每个请求都包含正确的令牌，有效地防止了恶意网站或攻击者利用用户当前的身份来修改密码或执行其他敏感操作的风险。

六、实训总结

CSRF 是一种利用用户已登录的身份执行未经授权操作的攻击方式。攻击者通过诱使受害者访问恶意网站或点击特定链接，在用户不知情的情况下利用其当前的身份在目标网站上执行操作，比如改变账户设置、提交订单或其他敏感操作。

为了有效防止 CSRF 攻击，网站通常会采用 CSRF 令牌机制，也称为同步令牌。这种机制通过在每个提交表单或者敏感操作请求中包含一个随机生成且与用户会话相关联的令牌，来验证请求的有效性。攻击者在进行 CSRF 攻击时，由于缺少有效的 CSRF 令牌，无法成功模拟合法用户的请求，从而有效地防止了攻击的发生。

CSRF 攻击的危害性不容忽视，因为它利用了用户在网站上的身份验证状态，可能导致用户资金损失、隐私泄露或者其他不良后果。因此，网站开发者和安全专家应当采取措施，如实施 CSRF 令牌机制或其他安全策略，以有效保护用户免受此类攻击的影响。

学习笔记

参考文献

[1] 石淑华，池瑞楠. 计算机网络安全技术 [M].6 版. 北京：人民邮电出版社，2021.

[2] 迟俊鸿. 网络信息安全管理项目教程 [M]. 北京：电子工业出版社，2020.

[3] 陆国浩，朱建东，李街生. 网络安全技术基础 [M]. 北京：清华大学出版社，2017.

[4] 徐雪鹏. 网络安全项目实践 [M]. 北京：北京机械工业出版社，2017.

[5] 汪双顶，杨剑涛，余波. 计算机网络安全技术 [M]. 北京：电子工业出版社，2015.